LES
ABEILLES

ORGANES ET FONCTIONS
ÉDUCATION ET PRODUITS
MIEL ET CIRE

PAR

Maurice GIRARD

Docteur ès sciences naturelles,
Ancien délégué de l'Académie des Sciences,
Ancien président de la Société entomologique de France.

Avec une planche coloriée et trente figures dans le texte.

PARIS

LIBRAIRIE J.-B. BAILLIÈRE et FILS

19, RUE HAUTEFEUILLE, près du boulevard Saint-Germain

—

1887

BIBLIOTHÈQUE SCIENTIFIQUE CONTEMPORAINE

LES ABEILLES

DU MÊME AUTEUR :

Les Insectes, Traité élémentaire d'Entomologie, comprenant : l'histoire des espèces utiles et de leurs produits, des espèces nuisibles et des moyens de les détruire, l'étude des métamorphoses et des mœurs, les procédés de chasse et de conservation. *Ouvrage complet.* Paris, 1885, 3 volumes in-8 d'environ 900 pages chacun, et un atlas de 118 planches gravées en taille-douce, cartonné. Figures noires, 100 fr. — Figures coloriées, 170 fr.

Métamorphoses des Insectes. 4ᵉ édit., Paris, 1874. 1 vol. in-18, 400 pages, 300 figures.

Péron, naturaliste voyageur. Paris, 1857. 1 vol. in-8 avec portrait.

Études sur la maladie de la vigne dans les Charentes (extrait des *Mémoires des Savants étrangers*, 1875).

Le Phylloxera de la vigne. 2ᵉ édit. 1 vol. petit in-18 avec figures.

Mémoires sur la chaleur animale des Articulés et spécialement des Insectes, avec 2 pl. (Thèse de doctorat ès sciences de la Faculté de Paris, 1869.)

Nombreux mémoires dans les *Annales de la Société entomologique de France*, les *Bulletins de la Société d'Acclimatation* et les *Bulletins de la Société centrale d'horticulture de France*, etc.

IMPRIMERIE ÉMILE COLIN, A SAINT GERMAIN

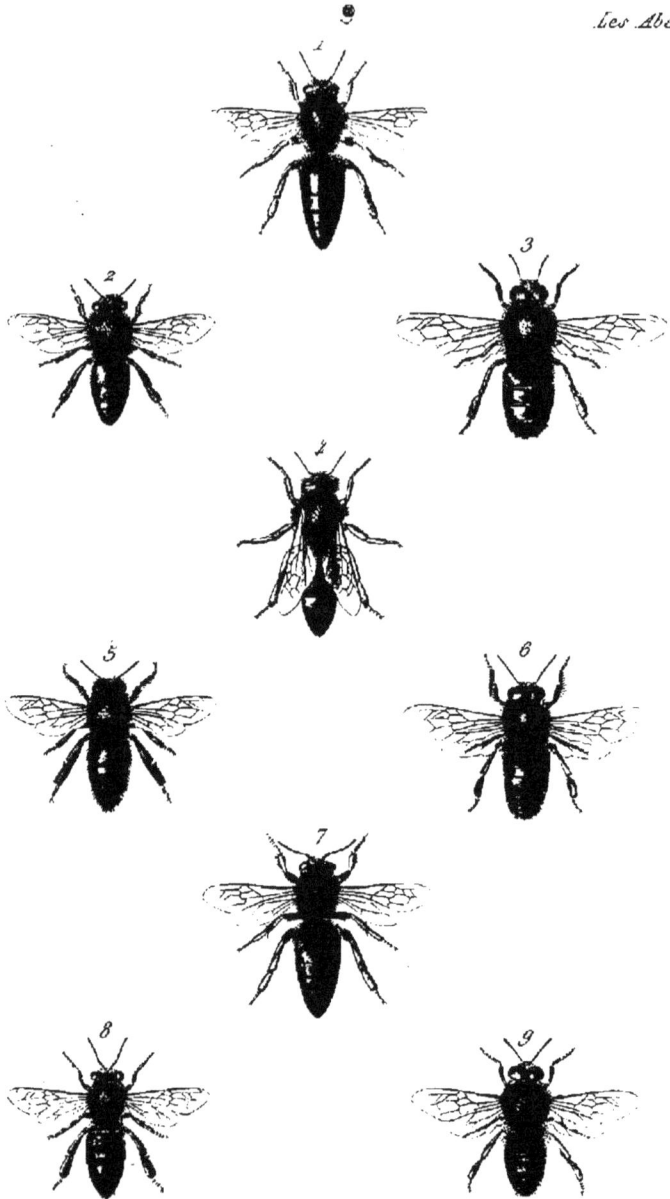

Poujade. del.

Publié par J.B. Baillière et Fils, Paris.

Lagesse sc.

1

Apis mellifica,
femelle

2

Apis mellifica
ouvrière

3

Apis mellifica,
mâle

4

Apis mellifica femelle,
ailes repliées

5

Apis ligustica
ouvrière

6

Apis ligustica
mâle

7

Apis ligustica
femelle

8

Apis fasciata
ouvrière

9

Apis fasciata
mâle

LIBRAIRIE J.-B. BAILLIERE ET FILS

LES
ABEILLES

ORGANES ET FONCTIONS
ÉDUCATION ET PRODUITS
MIEL ET CIRE

PAR

Maurice GIRARD

Docteur ès sciences naturelles,
Ancien délégué de l'Académie des Sciences,
Ancien président de la Société entomologique de France.

Avec une planche coloriée et trente figures dans le texte.

———

DEUXIÈME ÉDITION

PARIS
LIBRAIRIE J.-B. BAILLIÈRE et FILS
19, RUE HAUTEFEUILLE, près du boulevard Saint-Germain

—

1887

A M. DUMAS

Secrétaire perpétuel de l'Académie des Sciences

Témoignage de reconnaissance et de respect.

Maurice Girard.

PRÉFACE

L'Abeille est l'objet de soins de jour en jour plus attentifs et plus minutieux, en raison de l'intérêt qui s'attache à son étude et des avantages que procure son éducation.

Il manquait en France un livre qui pût être un guide à la fois scientifique et pratique, qui mît à la portée de l'éleveur l'ensemble des connaissances qu'il a besoin de posséder.

Sans avoir la pensée de remplacer l'expérience individuelle, qui, en matière d'élevage raisonné des Abeilles, vaudra toujours mieux que tous les écrits, nous avons exposé les manipulations agricoles, les procédés d'extraction, la composition chimique du miel et de la cire ; nous avons décrit les organes, les fonctions, les maladies, les ennemis de l'Abeille.

Nous avons voulu donner aux apiculteurs un résumé clair et précis des faits d'histoire naturelle et des opérations techniques qui se rattachent à la récolte des produits ; aux savants, une monographie complète, au point de vue entomologique; aux amis de la nature, une histoire simple et vraie de cet industrieux insecte, qui constitue une curiosité digne de leur patiente observation, en même temps qu'il est une source de fortune pour des populations entières.

Aux préceptes et aux descriptions nous avons joint des figures, qui font connaître, avec de forts grossissements, les organes internes et externes de l'Abeille, les modèles de ruches et d'appareils d'extraction; dans une planche en taille-douce, nous avons représenté avec leurs couleurs naturelles les trois espèces ou races élevées en Europe, en mettant à côté l'un de l'autre les types du *mâle*, de la *reine* et de *l'ouvrière*. Les dessins ont été exécutés par MM. Poujade et Clément, membres de la Société entomologique de France. C'est une garantie de leur exactitude scientifique, en même temps que de leur valeur artistique.

Nous avons voulu faire un livre à la fois intéressant et utile. Puissions-nous avoir réussi.

MAURICE GIRARD.

1er Août 1877.

LES ABEILLES

CHAPITRE PREMIER

Notions générales sur les Hyménoptères. — Rôle agrono-
mique des Apiens pour la fécondation des fleurs. —
Caractères généraux des Apides sociales.

Les Abeilles appartiennent à l'ordre des *Hyménoptères*. C'est l'ordre le plus élevé de la classe
des Insectes, celui qui montre, dans leurs mer-
veilleux détails, l'intelligence et l'instinct de ces
animaux, si parfaits en organisation malgré leur
petite taille, appelant à grand tort l'indifférence
et même le dédain des observateurs superficiels,
ou plutôt de ceux, en si forte proportion, qui ne
savent pas observer.

Les Hyménoptères font partie des *mouches à
quatre ailes* des anciens auteurs. Ces ailes, en
raison du moins grand nombre de leurs nervures,
n'ont pas la réticulation aussi compliquée que chez
les Névroptères (Libellules, Fourmilions, Chry-
sopes, etc.), mais elles leur ressemblent par leur
nudité apparente et sont le plus souvent hyalines.
Les inférieures sont toujours bien moindres en
surface que les supérieures et n'ont qu'un emploi

secondaire dans le vol, servant plutôt à le régula-
riser et à le diriger qu'à la translation. Les pièces
de la bouche, si importantes pour la classification, sont en même nombre que chez les insectes
broyeurs (Coléoptères, Orthoptères, Névroptères);
capables de broyer, de couper, de déchirer, une
modification leur permet de lécher les matières
liquides ou demi-fluides, du moins chez les adultes,
car les larves ont toujours les pièces buccales
broyeuses. La tête est presque toujours munie de
trois ocelles ou yeux lisses supérieurs, micro-
scopes puissants destinés à voir les détails des
objets à très-petite distance et peut-être même
dans cette lumière extrêmement affaiblie qui est
l'obscurité pour nous; en outre, existent toujours
les grands yeux latéraux, à cornées multiples. De
plus, les tarses ou terminaisons des pattes ont
toujours cinq articles (pentamérie).

Les Hyménoptères font partie des insectes à
métamorphoses complètes, ce qui signifie que les
sujets accomplissent la plus grande partie de leur
évolution hors de l'œuf. Ils ont des larves entièrement privées d'ailes, se nourrissant soit de miel
et de pollen des fleurs (c'est le cas des Abeilles),
ou bien de liquides sucrés d'origine végétale, soit
d'insectes vivants, engourdis par le venin ou con-
tinuant leur vie active (Fouisseurs et Ichneumoniens), soit de matières animales et végétales
diverses (Formiciens), soit enfin de sèves et d'ami-
dons accumulés dans des galles (Cynipiens) ou
de feuilles et de tiges de plantes (Teuthrédiniens).
A ces larves succèdent toujours des nymphes

immobiles, sans alimentation externe, présentant au repos et couchées, les organes extérieurs de l'adulte, visibles sous une mince pellicule facile à déchirer, lorsque l'adulte, vivifié par les effluves de la chaleur solaire, prendra son essor, préoccupé d'un soin unique, la reproduction, la ponte et souvent l'alimentation future de sa postérité.

Chez les Hyménoptères, les femelles sont seules chargées de construire les nids ou berceaux de la progéniture, de les approvisionner, ou bien d'introduire leurs œufs dans d'autres insectes ou à l'intérieur des tissus végétaux, dans les meilleures conditions pour la vie des larves à naître. Aussi, les organes des femelles sont les plus variés, en rapport avec une plus grande division du travail physiologique. Les mâles, qui ne servent qu'à la reproduction, ont un plan de conformation plus restreint et plus analogue dans les diverses tribus; leur vie est d'ordinaire très-limitée, eu égard à celle des femelles chargées de fonctions compliquées.

À l'extrémité du corps de ces femelles se trouve, dans les Hyménoptères les plus élevés, un aiguillon en rapport avec une glande vénénifique et toujours rentré quand il ne sert pas; c'est un appareil de défense chez les Apiens, les Guêpes (sens général) et certains Formiciens, tandis que, pour d'autres, l'arme, tout en demeurant défensive, s'emploie principalement à anesthésier les victimes qui seront livrées aux larves, toujours vivantes et pleines de sucs, mais incapables de fuir et de résister aux morsures (Craboniens et

Sphégiens). Il faut bien remarquer et rassurer, à
cet effet, beaucoup de personnes, que l'aiguillon
des Hyménoptères n'est jamais offensif ; une
Abeille ou une Guêpe peut se poser sur le
visage ou sur les mains, et ne cherche à piquer
que si on l'effraye par des cris, des mouvements
brusques et surtout en essayant de la saisir. Ce
sont là les Hyménoptères *porte-aiguillons*. D'autres, dits *térébrants*, présentent à l'extrémité de
l'abdomen un organe homologue de l'aiguillon
dans ses pièces essentielles, mais devenu une
tarière perforante de longueur et de dureté variées,
tantôt cachée, tantôt saillante au dehors, utilisée
par la femelle pour trouer, en pondant son œuf,
ou le corps des insectes ou des tissus végétaux.
L'extrémité du corps des mâles, au contraire,
n'offre jamais d'arme ni de tarière ; il se termine
par une armure copulatrice formée de pièces,
en pinces ou en crochets, aptes à maintenir la
vulve de la femelle accessible à l'intromission du
pénis, toujours caché au repos, et que des muscles propres font saillir au moment de l'action.

Les entomologistes ont divisé les Hyménoptères
en deux sous-ordres, bien naturels, car ils répondent à la fois à des différences de conformation
chez l'adulte et chez la larve. Les uns, tous térébrants chez les adultes, sont les *Hyménoptères à
abdomen sessile*, c'est-à-dire appuyé contre le
thorax dans la plus grande partie de sa base.
Leurs larves, qui doivent se mouvoir sur les feuilles
des végétaux ou à l'intérieur de leurs tiges, sont
toujours munies d'yeux simples, en nombre varia-

ble, de six pattes thoraciques en crochets et, le plus souvent, de pattes abdominales en mamelons. Elles ont été nommées *fausses chenilles*, en raison de leur ressemblance avec les chenilles des Lépidoptères; mais leurs nymphes appartiennent au type général que nous avons décrit et ne sont nullement pareilles aux chrysalides des papillons. L'autre sous-ordre est celui des *Hyménoptères à abdomen pédiculé*, c'est-à-dire dont l'abdomen est uni au thorax par un pédicule très-étroit, parfois court, parfois très-long, qui doit rendre difficile une circulation commune aux régions antérieure et postérieure du corps et lui imprimer un ralentissement, en rapport, du reste, avec la médiocre importance de cette fonction chez les Insectes. Les larves, fort différentes de celles du sous-ordre précédent, sortent de l'œuf et restent jusqu'à la nymphose dans un grand état d'imperfection, privées de pattes, souvent d'yeux, à corps gonflé dans une peau molle, passant leur vie en position souvent recourbée, soit dans des cellules obscures approvisionnées par la mère, soit dans le corps des insectes, soit à l'intérieur de galles ou renflements causés aux tiges ou aux feuilles des plantes par la ponte même de l'œuf.

C'est à ce second sous-ordre, le plus parfait en organisation, qu'appartiennent les Abeilles, dans la tribu des Apiens, à larves toujours nourries de pollen et de miel. Tantôt le couple destiné à perpétuer l'espèce demeure solitaire; d'autres fois, et c'est un caractère général de la famille des Apides (Abeilles, Mélipones, Bourdons), une mul-

titude d'insectes de la même espèce travaillent en
société à la construction et à l'approvisionnement
d'une demeure commune. La reproduction exige
alors le concours nécessaire de trois individus différents, des mâles producteurs de spermatozoïdes,
une ou plusieurs femelles fécondes, sécrétant des
œufs, enfin une espèce de troisième sexe, constitué par des femelles à organes sexuels avortés à
des degrés variables, servant d'architectes et de
nourrices pour la postérité des pondeuses. Elles
sont un complément indispensable de la fonction
maternelle, car sans ces *ouvrières* les mères lais-
seraient périr de faim des enfants qu'elles ne savent pas élever. Cette pluralité sexuelle, jointe
à l'instinct social, se rencontre encore dans
des insectes divers (Termites, Guêpes, Fourmis) et est toujours liée à une extrême fécondité.

Une remarque générale d'un très-grand intérêt
agricole doit précéder l'étude des caractères des
Abeilles. Elles participent avec les autres Apiens
à une utilité harmonique de premier ordre, et je
voudrais voir des ruches disséminées dans tous les
champs, non pas tant pour le profit limité que nous
offre la récolte du miel et de la cire, que parce
que les Apiens sont les artisans continuels et parfois les auxiliaires obligatoires d'une grande fonction végétale, la fécondation des plantes. La France
tient un rang de premier ordre comme contrée
agricole, et je suis certain que des encouragements
efficaces à l'apiculture auraient un résultat agro-
nomique de grande valeur en augmentant le ren-

dement de beaucoup de nos récoltes. Il en serait de cette dépense comme de toutes celles qui se rattachent à l'instruction publique, la plus haute source de la prospérité d'un peuple ; l'argent qu'on jette dans ce noble but par la fenêtre rentre par la porte accru d'intérêts considérables.

Lorsque les Apiens introduisent leur corps poilu dans les fleurs que nous cultivons, afin de récolter le pollen et le miel, ils concourent puissamment à les féconder, en apportant le pollen sur les stigmates. Il y a même des fleurs dont la fécondation serait impossible sans les Apiens, telles les Aristoloches à corolle tubuleuse renversée et pendante, où les étamines se trouvent ainsi plus bas que le pistil. Un disque de nectaires à la base de la fleur attire les Hyménoptères mellifiques, qui, pour les atteindre, frottent en passant les anthères et amènent au pistil les granules prolifiques.

La fécondation des Orchidées, à pollens glutineux qui adhèrent en une masse unique, exige aussi nécessairement le même secours. Longtemps les Vanilles cultivées dans nos serres demeurèrent stériles, car nous n'avons pas l'Hyménoptère qui, au Mexique, assure leur reproduction. Des jardiniers de Hollande surent, les premiers, y suppléer par un artifice analogue, en introduisant un pinceau de coton dans la fleur, et A. Rivière ayant perfectionné cette pratique en France, les vanilles de nos serres chaudes produisent aujourd'hui leurs longues gousses délicieusement parfumées. Les vanilles, transportées à Haïti, ne donnèrent de fruits et de graines qu'après l'introduction des Abeilles dans l'île, et la culture put alors s'en répandre.

Les Apiens qui butinent dans nos campagnes et qui, dans les pays apicoles, sont formés principalement par les Abeilles des ruches, augmentent beaucoup la production en graines des Crucifères (colza, navette, raves, choux, etc.) et des Légumineuses des prairies artificielles. On doit citer à ce sujet les expériences de M. Darwin. Vingt têtes de trèfle blanc (*Trifolium repens*, Linn.) visitées en toute liberté par les Abeilles lui donnèrent 2290 graines, tandis que sur vingt têtes rendues inaccessibles aux Abeilles au moyen d'un filet plus des deux tiers ne produisirent aucune graine. De même vingt têtes de trèfle rouge (*T. pratense*, Linn.) lui fournirent 2700 graines, et aucune sur vingt autres soigneusement tenues à l'abri des laborieux Hyménoptères. Le trèfle incarnat exige pour la fécondation de ses plus profondes corolles les Apiens à la plus longue trompe possible, ainsi les Bourdons plutôt encore que les Abeilles ; sa culture n'a donné de graines en Australie que depuis l'introduction des Abeilles, et, à la Nouvelle-Zélande, la Société d'acclimatation d'Auckland tente en ce moment l'introduction des Bourdons en vue de la reproduction de cet excellent fourrage.

Les Apiens butineurs produisent d'autre part de continuelles fécondations croisées. Ils transportent le pollen d'une fleur à une autre, et le déposent d'une manière inconsciente sur le stigmate d'une fleur différente, soit de la même plante, soit d'un autre pied de la même espèce, et, pour beaucoup de végétaux, cette fécondation est plus efficace ; il y a comme stérilisation par consanguinité si une fleur est réduite à ses propres organes sexuels. Ainsi, dans la Pulmonaire officinale, on s'est assuré que le pollen, agissant sur l'ovaire de la fleur, ne produit aucune graine, tandis qu'il a son plein effet s'il est porté sur le stigmate d'une fleur différente, surtout d'une fleur appartenant à une autre Pulmonaire. Ces fécondations croisées par les insectes amènent fréquemment des hybridations, altèrent par exemple la qualité des Melons, si leurs couches sont voisines de cultures de Concombres, de Courges, de Potirons ; on a vu par ce moyen les Primevères officinales des prairies donner naissance, après grainage, à des fleurs hybrides entre leur espèce et la Primevère des jardins plantée en bordure au voisinage de la prairie. On pourrait étendre beaucoup la liste de ces faits botaniques si propres à démontrer la grande utilité des Abeilles (1).

Il ne faut pas, d'autre part, exagérer outre mesure la fonction générale des insectes en cette matière ; ils ne paraissent pas nécessaires pour les Céréales (froment, seigle, orge, etc.), sur lesquelles, au reste, on ne voit jamais les Apiens se poser, car la fécondation de la fleur a lieu lorsqu'elle est encore sous les glumes. Quand les étamines paraissent au dehors, elles sont sèches et ont accom-

(1) Voir sur ce sujet : G. Bonnier, *Du rôle des Abeilles dans la fécondation des fleurs. Rucher*, Bordeaux, 1875, p. 176, 243, 265. — *Apiculteur*, Paris, 1875.

1.

pli leur rôle, ce qui démontrait *a priori*, avant l'échec expérimental, toute l'inutilité du procédé de M. Hooibrenck.

Les Abeilles appartiennent aux Apides sociales, famille qui présente les caractères généraux suivants : mâles, femelles et neutres, ou femelles avortées, ailés pendant toute la vie à l'état parfait, les femelles et les neutres munis d'un aiguillon développé (Apites, Bombites) ou rudimentaire (Méliponites) ; ailes étendues sur le corps pendant le repos, les supérieures non pliées suivant le grand axe de leur ellipse ; antennes coudées, vibratiles, filiformes, de douze articles chez les femelles et ouvrières, douze ou treize chez les mâles, le second article plus court que le troisième, presque globuleux, le troisième un peu conique ; lèvre et mâchoire longues et constituant une sorte de trompe ; lèvre inférieure plus ou moins linéaire, avec l'extrémité soyeuse ; jambes postérieures inermes ou épineuses à l'extrémité, offrant chez les ouvrières un élargissement et une cavité en cuiller pour la récolte du pollen ; premier article des tarses postérieurs des ouvrières très-grand, comprimé, en forme de palette carrée ou de triangle renversé, tantôt dilaté à l'angle extérieur de sa base en forme d'oreillette, tantôt mutique ou sans dent ; abdomen composé de cinq segments et de l'anus dans les femelles et ouvrières, ayant un segment de plus chez les mâles ; anus s'ouvrant largement horizontalement et terminant un cloaque ou cavité où s'abouche l'oviducte chez les femelles et qui reçoit momentanément l'œuf.

CHAPITRE II

Diagnose générique des Abeilles. — Anatomie et physiologie
des trois formes de l'Abeille domestique d'Europe.

Les Apides sociales se divisent en trois groupes,
les Apites, les Méliponites (Mélipones et Trigones),
les Bombites (Bourdons et Psithyres, ces derniers
sans neutres, parasites des nids des Bourdons). Les
Apites ont pour caractères généraux ceux de leur
genre unique, dont nous donnons la diagnose, les
termes de celles-ci devant s'expliquer dans la description détaillée de l'ouvrière, de la femelle
féconde et du mâle.

APIS, auct. — Corps modérément poilu ; trois ocelles en triangle : antennes de douze articles ; palpes maxillaires d'un
seul article, palpes labiaux de quatre articles, trois et quatre
très-petits ; languette subcylindrique, plus longue que la tête,
plus courte que le corps ; ailes à nervures fortes et distinctes,
offrant une cellule radiale étroite et fort longue, à bout apical un peu écarté de la côte de l'aile et subarrondi, trois cubitales complètes, la seconde rétrécie vers la radiale, élargie vers
le disque, recevant la première nervure récurrente, la troisième étroite, oblique, recevant la seconde nervure récurrente,
une quatrième cubitale incomplète, n'atteignant pas entièrement le bord apical de l'aile, trois cellules discoïdales complètes ; jambes postérieures sans épines à leur extrémité ; tarses
à crochets bifides. — Femelles et ouvrières : Yeux latéraux,
allongés, pubescents, ne se rencontrant pas sur le vertex ; article basilaire du tarse postérieur quadrangulaire, avec son
angle supérieur proéminent (ouvrière), concave, transversale-
ment sillonné, chaque sillon ayant enchâssé une épaisse frange

de poils raides, produisant l'apparence de brosses transverses. Mâles : Yeux très-larges occupant un cinquième de la tête, se joignant sur le vertex; jambes postérieures grêles à la base, graduellement élargies vers le bout.

Le genre *Apis*, auct., essentiellement propre, comme nous le verrons, à l'ancien continent, a pour type l'espèce d'insectes qui nous est la plus utile après le Ver à soie du mûrier, par la production du miel et de la cire. L'usage de la première substance a beaucoup diminué depuis que le sucre, long-temps confiné dans les officines des pharmaciens, est devenu un produit de grande industrie; mais celui de la cire est resté sans rival pour plusieurs fabrications. Les fables mythologiques nous ap-prennent que les industrieux insectes producteurs du miel et de la cire ont reçu les soins de l'homme dès la plus haute antiquité, et l'Abeille domes-tique d'Europe est pour elles un sujet de prédi-lection. Elle donnait son miel parfumé à Jupiter enfant, élevé par les Corybantes sur le mont Ida, dans l'île de Crète, et les Abeilles d'or furent semées en France sur le manteau impérial. Les anciens croyaient, en général, à la génération spontanée des Abeilles, et Virgile, dans l'épisode d'Aristée, raconte la sortie des essaims hors des flancs des taureaux que le berger avait immolés pour apaiser le courroux des nymphes. Elien recommande, pour renouveler les colonies de ces industrieux insectes, de prendre des cadavres de taureaux, les Abeilles qui en naissent étant douces et laborieuses, tandis que celles prove-nant du mouton sont molles et paresseuses et celles nées des entrailles du lion féroces et intraitables.

On savait, dans l'antiquité, qu'il existait dans chaque ruche un individu unique, plus gros que les autres, mais on le supposait mâle et on l'appelait roi (βασιλεύς, *rex*). Les faux-bourdons étaient généralement regardés comme des insectes étrangers, associés aux Abeilles. Les mœurs des Abeilles étaient pourtant mieux connues dans l'antiquité, du moins par quelques personnes, qu'on ne le croit d'ordinaire.

Aristote, un moderne perdu dans les vieux temps, avait inauguré la méthode rationnelle de l'observation pure deux mille ans avant Bacon, et bien des passages de ses écrits ne sont devenus compréhensibles qu'avec les plus récentes découvertes. Il aimait à interroger les chasseurs, les pêcheurs, les apiculteurs sur tout ce qu'ils avaient vu. De même qu'il annonça la pseudo-placentation de certains Squales (par la vésicule ombilicale), et l'hermaphrodisme bilatéral et normal des Serrans de la Méditerranée, il indiqua dans son traité de la Génération des animaux des faits relatifs aux Abeilles, qu'on a supposés d'observation toute nouvelle.

Il y a divers passages dont le sens renferme les vérités suivantes : la reine est indispensable à la ruche, et sans elle il ne se produit pas d'ouvrières; les faux-bourdons peuvent naître dans une ruche sans reine, engendrés par des ouvrières (Aristote crut à tort que c'était là un fait normal comme chez les *Vespa*, les *Polistes* et très-proba-

blement les *Bombus*), et cette génération se fait
par des œufs ; il n'y a pas accouplement dans la
ruche. La vérité complète sur les Abeilles ne fut
connue que fort tard, lorsque Swammerdam eut
inauguré la dissection interne des insectes, dans
ses publications de la *Biblia naturæ*.

Il vit que le prétendu roi est une femelle féconde, avec ses ovaires fasciculés remplis d'œufs
à tous les degrés de grosseur (environ 200 par
ovaire), que les ouvrières ou Abeilles ordinaires
sont des femelles infécondes (très-généralement), à
ovaires atrophiés rudimentaires souvent sans communication avec l'extérieur, enfin que les faux-
bourdons sont des mâles présentant deux testicules
fasciculés en longs tubes, contenant un liquide
blanchâtre rempli de spermatozoïdes, se rendant
au canal excréteur par deux vaisseaux déférents,
avec deux vésicules séminales, deux glandes accessoires, et un pénis, entouré de crochets copula-
teurs.

Suivant la même loi que chez les Termites, les
Guêpes et les Fourmis, la fonction de reproduction par division du travail physiologique est
dévolue à trois individus distincts dans l'Abeille
domestique d'Europe, *Apis mellifica* Linn., ou
cerifera, Scopoli, ou *domestica*, Ray, Réaumur,
ou *gregaria*, Geoffroy, présentant une variété ou
race méridionale principale, *A. ligustica*, Spi-
nola.

La forme la plus parfaite, sous le rapport de la
diversification des organes, est celle de l'ouvrière
ou neutre (femelle incomplète), qui doit remplir

les fonctions de nourrice, d'architecte et de récolteuse. Nous ferons entrer dans sa description des généralités anatomiques et physiologiques propres soit à l'ordre des Hyménoptères, soit à la classe des Insectes.

L'Abeille mellifique ouvrière présente les trois régions du corps parfaitement distinctes, tête portée sur un cou, thorax, abdomen. Elle est d'un brun noirâtre, avec les poils d'un cendré roussâtre, assez clairsemés, plus nombreux sur le thorax que sur le reste du corps, la base des segments abdominaux 3, 4, 5 portant une bande étroite de poils cendrés.

Nous devons examiner, à propos de la tête, les antennes, les yeux composés, les stemmates et les pièces de la bouche.

Les antennes sont noires, de douze articles, le second article transverse, le troisième plus court que le cinquième ou au moins pas plus long, le bout du dernier article d'un brun roussâtre. Ces antennes sont le siége, probablement très-principal sinon exclusif, de l'ouïe et de l'odorat. On connaît en physique. la communication des mouvements vibratoires aux tiges, qui doit se produire par conséquent sur les antennes. Quant à l'odorat, bien plus développé que la vue chez les Insectes et notamment les Abeilles, sous le rapport de la perception à distance, Huber croyait que son siége, chez les Abeilles, résidait dans la cavité buccale ; Lehmann le plaçait après les stigmates, dans la partie vestibulaire du système respiratoire trachéen, ce qui serait analogue au cas des vertébrés aériens. Il est bien plus probablement logé dans les antennes, toujours plus développées chez les mâles que chez les femelles des insectes, les mâles étant attirés vers celles-ci par des émanations odorantes ; ils les suivent en effet par de véritables pistes volatiles, et ne les voient que lorsqu'ils en sont à petite distance. Al. Lefebvre approcha de la tête d'une Abeille, occupée à lécher avidement du sucre, la pointe d'une aiguille trempée dans de l'éther ; aussitôt l'insecte dirigea ses antennes vers l'aiguille, les agita en donnant tous les signes d'une vive inquiétude, tandis que le voisinage d'une aiguille inodore ne provoquait aucun mouvement dans ces organes. Il n'y avait également aucune agitation chez l'animal, en raison de l'odeur, lorsque l'aiguille éthérée était portée sous l'abdomen, ou près de l'anus ou le long des stigmates abdominaux (1).

L'Abeille présente, sur les côtés de la tête, des yeux dits *composés* ou à *facettes*, consistant réellement en un très-grand nombre d'yeux différents accolés, dirigés ainsi vers tous les points de l'horizon, permettant à l'insecte de voir dans un grand nombre de directions, ce qui serait impossible avec un œil unique immobile. L'œil à facettes a toujours une cornée générale, ovale allongée chez

(1) Al. Lefebvre, *Note sur le sentiment olfactif des antennes* (*Ann. Soc. entom. Fr.*, 1838, t. VII, p. 395). — E. Perris, *Mémoire sur le siége de l'odorat dans les Articulés* (*Ann. Sc. natur.*, 3ᵉ série, 1860, ZooL, t. X, IV p. 168). — J. Garnier, *De l'usage des antennes chez les Insectes*. Amiens, 1860 (*Acad. des sciences, belles-lettres*, etc., *du département de la Somme*, séance du 13 février 1860).

l'Abeille, continuation du tégument chitineux externe et dont les facettes sont les cornéules; chaque œil simple de l'œil composé offre une vraie sclérotique, ou boîte enfermant l'œil, due à la peau prolongée, découverte bien avant M. Leydig, par Straus-Durckheim (1828), qui l'appelait cloison sous-orbitaire, et en dedans se trouve une choroïde à pigment brun et épais; un nombre énorme de trachéoles ou tubes à air très-fins parcourent les yeux des insectes, remplaçant les vaisseaux sanguins, qui font défaut dans cette classe.

Sous la cornéule et dans chaque tube oculaire se trouve un cône cristallin, que suit une partie allongée ou bâtonnet nerveux, allant jusqu'au nerf optique. En soumettant les yeux des insectes à des réactifs durcissants et colorants, comme l'acide oxalique concentré, et mieux la solution à 0,01 d'acide osmique, qui noircit les tissus et indique leur séparation, on trouve que le bâtonnet et le cône cristallin sont formés par quatre faisceaux prismatiques accolés. Le bâtonnet visuel est séparé du ganglion optique par une membrane percée de trous, par où passent des fibres nerveuses qui vont fermer les quatre cordons accolés. Chez l'Abeille, le bâtonnet oculaire est cylindroïde et uniforme dans toute sa longueur. Il est enveloppé de deux membranes, une interne pigmentée, une externe de tissu conjonctif granulé, qui se continue autour du cristallin conique; pour l'étude on détruit la matière pigmentaire par une solution d'acide azotique à 25 ou 30 pour 100, ou par la solution de potasse.

L'œil composé est un assemblage de télescopes divergents de portée médiocre toutefois, car les insectes ne voient pas à grande distance, très-différents en cela des oiseaux, leurs émules pour la locomotion aérienne. De nombreuses difficultés se présentent pour expliquer la vision au moyen d'un œil si différent de l'œil humain. D'après M. Leydig, la cornée serait le seul appareil dioptrique de l'œil, le cône et le bâtonnet restant un élément nerveux, de sorte que la perception se ferait juste sous la cornée. Des objections variées rendent cette opinion peu admissible. En laissant de côté celles relatives à l'anatomie comparée de l'œil de divers Articulés, il semble certain que les images, ainsi toutes formées dans la partie antérieure de l'œil à facettes, devraient se confondre et donner une vision trouble, tous les rayons lumineux étant admis à la fois. La plupart des auteurs, avec MM. Max-Schultze, Claparède, etc., adoptent une autre idée.

Le cristallin conique est, outre la cornéule, un appareil dioptrique, ainsi que chez les Vertébrés, et c'est à sa base, sur le bout du bâtonnet, que se forme l'image.

Comment peut être constituée l'image des objets extérieurs donnée par l'œil à facettes de l'Abeille? J. Müller (1828), en regardant cet œil comme dû à une série d'yeux simples accolés chacun sur le type général de l'œil du vertébré, admettait une vision en mosaïque ou à compartiments, chaque facette ne donnant que l'image de l'objet placé juste en face; mais cette idée assez bizarre d'une image lumineuse totale formée de morceaux quadrillés, découpés, fut abandonnée au souvenir d'une vieille expérience de Leuwenhoeck, qui vit chaque cornéule de l'œil de la mouche produire une image complète de la flamme d'une bougie, et non une partie aliquote; il se forme en réalité des images multiples pour chaque facette.

D'après M. Leydig, leur superposition s'opère par l'extrême division des filets nerveux qui arrivent à se confondre sur le nerf optique ; chez les insectes, en effet, cette superposition ne peut s'expliquer par la mobilité de deux yeux qui sont fixes (1).

Outre les yeux à facettes, l'Abeille ouvrière porte sur le vertex trois *stemmates*, ou *ocelles*, ou *yeux lisses*, disposés en triangle. C'est à tort qu'on les appelle souvent des yeux simples, car ils se rapprochent beaucoup en réalité des yeux à facettes chez les Insectes adultes, les Myriapodes et les Arachnides. Le stemmate a été bien étudié par M. Leydig (2), chez l'Abeille et la Fourmi, sur des sujets tués par l'alcool. Il offre une cornée très-convexe, en rapport avec une fonction de microscope à très-courte distance, et un cristallin conique,

---

(1) On peut consulter, pour plus de développement sur l'œil de l'Abeille : Max Schultze, *Recherches sur les yeux composés des Crustacés et des Insectes* (en allemand), in-4°, avec pl. col. Bonn, 1868. — Grenacher, *Sur les yeux composés et les yeux lisses; Gottinger Nachrichten*, 1874. — Ed. Claparède, *Sur la morphologie des yeux composés des Arthropodes* (en allemand), *Zeitschrift Siebold und Kölliker*, 1860, t. X, p. 191-214 (*Annals and Magaz. of natur. history*, 1860, p. 455-457). Dans ce dernier travail, la constitution de l'œil est éclairée par l'étude de son développement embryogénique, notamment sur des nymphes d'Hyménoptères.

(2) Leydig, *Das Auge der Gliederthiere*, 1864.

s'emboîtant dans une cupule pleine de très-nombreux bâtonnets striés en travers, séparés par des traînées de pigment, et le pourtour de pigment est une sorte d'iris. On voit qu'on a affaire à l'œil précédent, dans lequel les cornées d'une part, les cristallins de l'autre, se sont confondus en un organe unique, les bâtonnets multiples restant distincts, seulement plus rapprochés.

Les nerfs des trois stemmates de l'Abeille partent de la région antérieure du cerveau et des circonvolutions de celui-ci (corps pédonculés de Dujardin); c'est une organisation liée à l'intelligence supérieure de l'Hyménoptère, architecte et éducateur du couvain. L'ocelle médian reçoit un nerf qui a une double racine, l'une sur l'hémisphère droit, l'autre sur l'hémisphère gauche, et de même chez la Fourmi. Le nerf de l'ocelle droit part de l'hémisphère droit, et du gauche de l'hémisphère gauche.

Il faut se garder, comme on le croit souvent, d'assimiler les ocelles de l'Abeille, ou en général des insectes adultes, à ceux des chenilles et des larves. Dans celles-ci, ce sont de vrais yeux simples, car il n'y a qu'une cornée, un cristallin et un seul bâtonnet, ou au plus trois bâtonnets soudés et non un très-grand nombre.

Il importe, pour terminer l'étude de la vision de l'Abeille, de dire quelques mots du nerf optique, toujours si important chez les animaux supérieurs, aussi bien du type des Invertébrés que de celui des Vertébrés. C'est le plus gros des nerfs, formant comme un lobe latéral du cerveau, avec un ganglion optique où l'on trouve les mêmes parties primaires que dans un ganglion ventral, à savoir des cellules nerveuses, des fibrilles nerveuses et des éléments punctiformes, analogues à la substance grise des vertébrés.

Ces éléments histologiques sont aussi ceux des nerfs optiques des stemmates; au fond de la sclérotique, le tissu du nerf optique fait place aux organes propres de l'œil, commençant intérieurement par les bâtonnets. Chez les Articulés comme chez les Vertébrés, la peau et le système nerveux concourent à la formation de l'œil. Le ganglion optique et le nerf optique, arrivant jusqu'au fond de la sclérotique, émanent du cerveau; mais les bâtonnets, les cônes et les cornéules se forment aux dépens de l'hypoderme ou couche sécrétante de la peau.

La région inférieure de la tête de l'Abeille présente l'ouverture du pharynx entourée de pièces buccales jouant latéralement par paires pour la plupart. L'Abeille ne suce pas les liquides sucrés des fleurs, des fruits, des suintements séveux des plantes, etc., comme les Papillons et certaines Mouches, mais les lèche et les fait parvenir à la cavité buccale, à peu près à la façon du chien qui lape; en outre, elle peut exercer des actions divisantes sur des matières solides, à la façon des insectes broyeurs. Aussi, l'homologie de ses pièces buccales est aisée à établir, car le nombre est resté le même, avec quelques modifications de formes pour certaines pièces, en raison de leur différence fonctionnelle.

A la partie inférieure du chaperon ou bord antérieur de la tête se trouve la *lèvre supérieure* ou
labre, qui est transverse et non infléchi, inséré
entre les mandibules et recouvrant la partie supérieure de la lèvre inférieure. Le labre était regardé à tort par Brullé comme formé de deux
pièces latérales soudées médianement; l'observation de l'embryon a fait reconnaître qu'il est la
pointe antérieure du corps de l'insecte et que le
sillon médian, qui avait trompé Brullé, n'est que
la trace séparant les deux bourrelets germinatifs
de l'embryon. Puis vient une paire de *mandibules*, courtes et épaisses, mutiques au sommet
chez l'Abeille ouvrière, c'est-à-dire sans dents, et
tronquées en dedans en biseau large, de sorte
qu'elles forment une cavité en s'appliquant l'une
contre l'autre, comme deux cuillers qui se join-
draient en dedans; elles servent à l'ouvrière à
ouvrir les anthères des fleurs, à saisir le grain de
pollen, à malaxer la cire mêlée de salive pour
édifier le gâteau.

Après les mandibules vient une pièce dont les
anciens auteurs faisaient un organe particulier,
sous le nom de *trompe* ou *promuscis* (Illiger). Elle
est constituée par l'engaînement de la *lèvre inférieure* dans un fourreau semi-tubuleux formé
plus extérieurement par les *mâchoires*, le tout
donnant un ensemble mobile et repliable sous la
tête. Les mâchoires, qui prennent naissance sur
les côtés du pharynx ou gosier, n'ont plus le rôle
important qu'elles remplissent chez les insectes
exclusivement broyeurs; leur fonction, devenue

accessoire, est de faire parvenir au pharynx, par leur pression ondulatoire, les sucs ramassés par la *languette*, extrémité terminale très-allongée de la lèvre inférieure.

Si on examine ces représentants des mâchoires des broyeurs, on voit, sur les côtés de la trompe, deux petites pièces insérées sur le menton et représentant les gonds de la mâchoire, et, soudées à elles, deux pièces homologues des tiges, portant chacune en dehors un palpe maxillaire, rudimentaire chez l'Abeille, formé de plusieurs articles grêles chez beaucoup d'Hyménoptères. Deux pièces aplaties, allongées, concaves, homologues des lobes des mâchoires, sont adaptées aux précédentes, et leur réunion constitue une gaîne en tube entourant une grande partie de la base de la languette. Les palpes maxillaires sont toujours peu développés ou même nuls comme fonctions chez les Hyménoptères dont les larves sont nourries de miel et de pollen, aisées à trouver dans les fleurs. Les palpes des mâchoires et de la lèvre inférieure sont des organes de tact et aussi très-probablement de goût (MM. Leydig, Jobert).

Intérieurement se trouve la pièce buccale la plus importante chez les Hyménoptères, la lèvre inférieure, placée à la région postérieure du pharynx. A sa base est une pièce cornée, courte et très-petite, le *menton* des broyeurs, au-devant d'elle et soudée une pièce sub-rectangle, qui est l'*hypoglotte;* le long de la *languette* adaptée au bout de l'hypoglotte sont, chez l'Abeille, des palpes labiaux de quatre articles : 1 et 2, longs et

aplatis; 3 et 4, petits, poilus. La languette, grêle
et flexible, est munie supérieurement à sa base
de deux écailles contiguës, appliquées sur elle,
qui sont les *paraglosses*. La languette est longue
chez l'Abeille, plus longue chez l'ouvrière que
chez le mâle et la femelle féconde, car elle doit atteindre le nectar au fond de fleurs dont les corolles sont souvent tubuleuses ou diversement
creusées (Labiées, Personnées, etc.). Enfin, la
cavité centrale du pharynx peut être fermée complétement, lors de la déglutition, par deux petites
pièces ou valves, paraissant manquer en général
chez les vrais broyeurs. La bouche de l'Abeille
est, comme on le voit, établie sur un type intermédiaire entre celui des broyeurs et celui des suceurs
exclusifs (Lépidoptères, Hémiptères, Diptères).

La région moyenne du corps est formée, chez
l'Abeille comme chez tous les insectes, par un
thorax ou corselet, résultant de la soudure de
trois anneaux, le prothorax, le mésothorax, le
métathorax. Les arceaux ventraux ou inférieurs
de ces trois anneaux portent les trois paires de
pattes, tandis que les ailes sont adaptées aux arceaux supérieurs ou dorsaux du mésothorax et du
métathorax. Le prothorax de l'Abeille est réduit
à un anneau étroit, qu'on nomme souvent le *collier*. Par balancement organique, le mésothorax,
destiné à donner insertion aux muscles de la paire
d'ailes la plus puissante, est renflé, convexe et
très-développé, offrant, à sa région postérieure,
l'*écusson*, en forme de triangle curviligne, à
pointe inférieure très-obtuse. A l'insertion des

ailes supérieures sont deux pièces, nommées *écailles* par les Hyménoptérologistes, et qui sont les mêmes que les *ptérygodes* ou *épaulettes* des Lépidoptères. Pour certains auteurs, ce sont des pièces qui dépendent du thorax; pour d'autres, ainsi pour Jacquelin du Val, elles font partie des *osselets*, ou pièces d'articulation de l'aile à l'arceau dorsal du mésothorax.

L'aile n'est nullement une trachée ou tube respiratoire extravasé, mais un organe propre ou spécial, présentant, comme chez l'Oiseau, avec un type d'organisation tout différent, une résistance qui va en décroissant du bord antérieur au bord postérieur et qui est une condition essentielle du vol. L'aile est d'abord une vésicule ou poche aplatie, soutenue à l'intérieur par une charpente de tubes de chitine qui formeront les *nervures*, quand, par résorption du liquide intérieur, les deux membranes se seront accolées par une soudure intime, pour devenir la membrane transparente de l'aile. Les nervures sont des tubes creux, contenant des trachées ou vaisseaux à air, car c'est l'air introduit dans ces trachées qui aide à l'extension des ailes, encore molles quand l'adulte éclot, et des courants sanguins entourent ces trachées dans l'aile en voie de formation. Après son extension, des vibrations rapides ne tardent pas à dessécher sa surface et à la rendre résistante, propre au vol.

Les ailes des deux paires, bien qu'inégales chez l'Abeille, sont constituées sur le même plan. Elles s'adaptent à l'arceau dorsal thoracique qui les

porte par une portion rétrécie, nommée *base*.
L'extrémité de l'aile opposée à la base est le *sommet* ou *angle externe*, dans sa partie dirigée antérieurement, et *angle interne* dans sa région postérieure (*angle anal* pour l'aile inférieure). Le contour compris de la base à l'angle externe s'appelle *côte de l'aile*, *bord antérieur*, *bord externe*; celui qui va, à l'opposé de la base, de l'angle externe à l'angle interne, se nomme *bord postérieur*, et le contour qui, de l'angle interne, revient à la base, se nomme *bord interne*. La région centrale de l'aile, limitée ainsi en tous sens, prend le nom de *disque*. Il est important de décrire la nervation des ailes, surtout des supérieures, parce qu'elles fournissent des caractères de classification, nettement formulés pour la première fois par L. Jurine (1).

Il y a d'abord, dans l'aile de l'Abeille, quatre nervures principales, qui prennent leur origine à la base de l'aile. Ce sont d'abord la *costale*, bordant l'aile en avant, et la *sous-costale*, très-voisine de la précédente et qui lui est sub-parallèle. Chez beaucoup d'Hyménoptères et de Névroptères, ces deux nervures aboutissent à une sorte d'empâtement chitineux ou point épais, nommé *stigma*, et qui manque chez l'Abeille; au-dessous vient la *médiane* ou *externo-médiane*, qui s'étend, avec plusieurs brisures, vers le milieu de l'aile, puis la *nervure anale*, arrivant à la limite du bord

(1) D. Jurine, *Nouvelle méthode de classer les Hyménoptères*, etc. Genève, Paschoud, 1807.

postérieur, qui n'est pas limité par une nervure, comme l'antérieur, car il doit présenter le minimum de résistance pour le vol. D'autres nervures non basilaires sont très-importantes dans l'aile de l'Abeille; ce sont surtout : la nervure *transverso-médiane*, allant de la médiane à l'anale; la nervure *radiale*, allant de l'extrémité de la sous-costale (du stigma quand il existe) au sommet de l'aile; les nervures *cubitales*, limitant en haut les cellules discoïdales, et en bas les cellules cubitales, celle du milieu ou la nervure cubitale par excellence réunissant par le haut les deux nervures *récurrentes*, qui bordent latéralement la troisième cellule discoïdale et vont aboutir aux cellules cubitales.

La classification (fig. 1) générique des Hyménoptères tire un grand parti des cellules ou aréoles que les nervures forment entre elles ou avec diverses nervures. Nous trouvons dans l'aile supérieure de l'Abeille quatre cellules dites *basilaires*, car elles partent de la base de l'aile. Ce sont la cellule *costale*, très-étroite, comprise entre les nervures costale et post-costale, les cellules *externo-médiane* entre les nervures post-costale et médiane, *interno-médiane* entre les nervures médiane et anale, *anale* entre la nervure anale et le bord inférieur ou interne de l'aile. La cellule *radiale* se trouve entre la nervure radiale et le bord supérieur de l'aile, les cellules *cubitales*, qui sont chez l'Abeille au nombre de trois complètes, c'est-à-dire closes de toute part par des nervures, sont placées au-dessous de la précé-

dente, entre les nervures radiale et cubitale ; le
centre de l'aile offre trois cellules fermées, dites

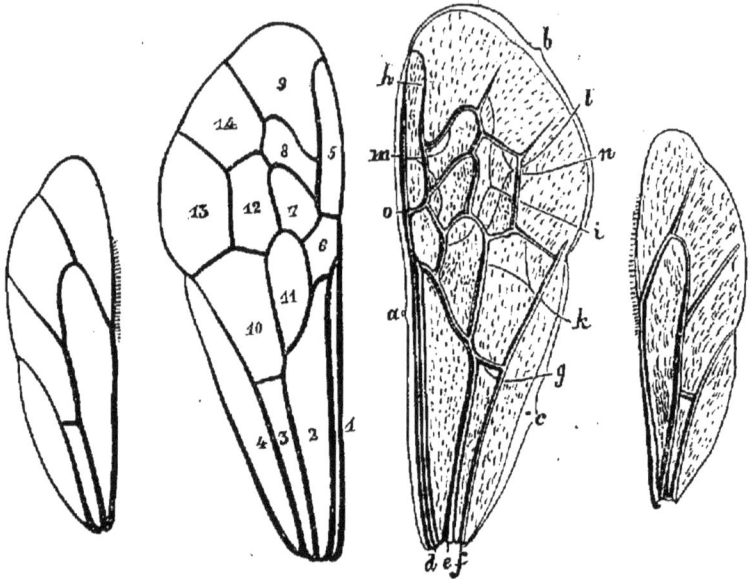

FIG. 1. — Ailes de l'Abeille, nervures et cellules.

Légende des nervures et du contour de l'aile supérieure : a,
Nervure costale. — b, Bord apical. — c, Bord postérieur. — d,
Nervure postcostale. — e, Nervure médiane. — f, Nervure anale. —
g, Nervure transverso-médiane. — h, Nervure radiale. — i, Nervures cubitales. — k, Nervure discoïdale. — l, Nervure subdis-
coïdale. — m, Nervures transverso-médianes. — n, Nervures
récurrentes. — o, Place du stigma, s'il existait.

Légende des cellules de l'aile supérieure : 1, Cellule costale. —
2, Cellule externo-médiane. — 3, Cellule interno-médiane. — 4,
Cellule anale. — 5, Cellule radiale. — 6, Première cellule cubitale. — 7, Deuxième cellule cubitale. — 8, Troisième cellule cubitale. — 9, Quatrième cellule cubitale (incomplète). — 10, Première
cellule discoïdale. — 11, Deuxième cellule discoïdale. — 12, Troisième cellule discoïdale. — 13, Première cellule postérieure. — 14,
Deuxième cellule postérieure.

discoïdales, et, en dehors de celles-ci, entre elles, les cubitales et le bord interne de l'aile sont deux cellules *postérieures*.

L'aile inférieure, plus petite que la supérieure, en répète la nervation d'une manière réduite. Elle offre un grand lobe basal manquant chez les Bourdons, où elle est proportionnellement plus réduite que chez l'Abeille.

Les six pattes de l'Abeille, en trois paires, qui s'insèrent au-dessous du thorax, chacune à un de ses segments, se composent, comme chez tous les insectes adultes, de pièces articulées en série, qui sont la *hanche*, emboîtée dans une cavité articulaire, la *cuisse*, la *jambe* et le *tarse* de cinq articles, ces pièces pouvant se replier l'une contre l'autre, plus ou moins, de manière à permettre des mouvements variés d'extension et de flexion.

Chez l'Abeille ouvrière, la patte postérieure (fig. 2) offre des modifications très-importantes : la jambe est aplatie et élargie en triangle allongé (*palette triangulaire*), le bout aigu s'insérant à la cuisse, la partie large inférieure au tarse. La face externe de la jambe offre une cavité (*corbeille*) où se logera la boulette de pollen ou de propolis, retenue par des poils raides (*rateau*). Le premier article du tarse, plus développé que les autres, est de forme subrectangle (*pièce carrée*) ; il ne s'implante pas au milieu du bord inférieur de la jambe, mais à son angle antérieur. Son côté supérieur est échancré et se prolonge en dehors sous la forme d'une dent aiguë et saillante. Il résulte de ce mode d'articulation et de ce que le côté

2.

inférieur de la jambe est à peu près en ligne
droite, qu'il se forme une *pince* entre celle-ci et
le premier article du tarse. Elle sert à détacher les
lamelles de cire qui exsudent entre les anneaux

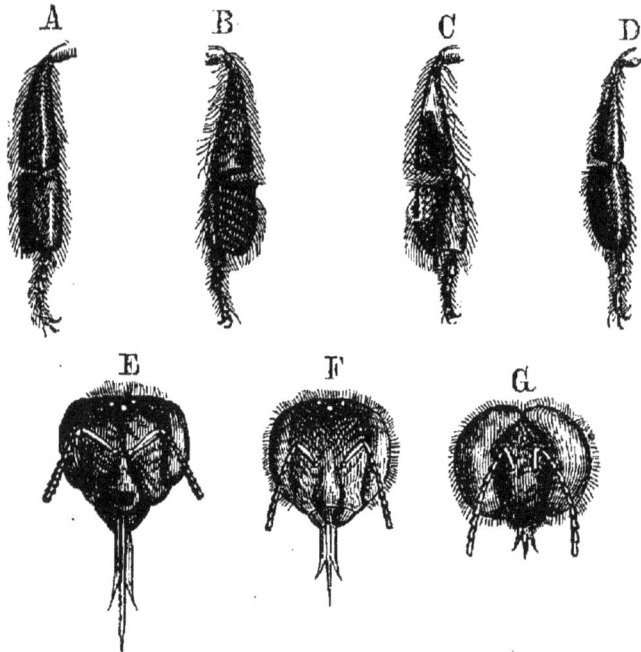

FIG. 2. — Pattes et Têtes.

Légende : pattes postérieures : A, de la reine. — B, de l'ouvrière en dessous. — C, *id.* en dessus. — D, du mâle. — Têtes
vues en dessus. — E, ouvrière. — F, reine. — G, mâle.

de l'abdomen, et sur lesquelles appuient en même
temps les poils raides du bout de la jambe. En
dessous de la pièce carrée sont des séries transversales de poils, constituant la *brosse*, d'une per-

fection et d'une régularité de brins parfaites, formée de rangées de poils cylindriques, parallèles,
d'un jaune doré. Cette brosse sert à enlever et à
rassembler le pollen, soit pris sur les fleurs, soit
adhérent aux poils du corps de l'ouvrière. Le
dessus de la pièce carrée est lisse et offre seulement
une dépression triangulaire comme la jambe. Il
y a des poils longs et fins au bord interne de la
jambe et de la pièce carrée. Les pattes de la paire
intermédiaire ont une forme analogue à celles de
la troisième, mais plus courtes, moins triangulaires, sans cavité ; le premier article du tarse,
aplati et oblong, est muni d'une brosse imparfaite
en dessous ; enfin les pattes de la première paire
n'ont la jambe ni aplatie, ni triangulaire, et le
premier article du tarse allongé, arrondi et entièrement velu. Lors de la récolte, les pattes de la
première paire, faisant office de main, transmettent
à celles de la seconde paire les grains de pollen
ou les parcelles de propolis détachés par les mandibules, et celles-ci les déposent dans les corbeilles
des pattes de la troisième paire, et les y fixent à
coups répétés ; toutes ces opérations se font avec
autant de célérité que d'adresse.

Avant de passer aux deux autres formes de l'*A*.
mellifica, nous exposerons rapidement quelques
points de l'organisation interne, qui est celle de
beaucoup d'autres Hyménoptères, et surtout des
Apiens.

L'appareil digestif est entouré à son origine, et
des deux côtés, de glandes salivaires incolores,
complexes et au nombre de trois paires ; chez le

mâle, qui ne doit pas malaxer la cire avec sa salive, ni nourrir les larves, ces glandes sont très-grêles et rudimentaires.

Des glandes analogues existent chez la larve et ont pour fonction de sécréter la matière fournissant le fil du tissu qui enveloppe la larve dans l'alvéole avant la nymphose.

L'Abeille ouvrière possède une paire de glandes salivaires thoraciques très-grosses, les seules connues de L. Dufour et Dujardin, découvertes par Ramdohr (1811), et deux paires de glandes cervicales, l'une supérieure, l'autre inférieure, trouvées par H. Meckel (1846); l'histologie de ces trois glandes a été étudiée par Leydig (1859). La glande cervicale supérieure est du groupe des unicellulaires, formée d'un tube commun où débouchent des *acini* pyriformes isolés; les deux autres sont multicellulaires à *acini* tubulants; la glande cervicale inférieure est ramifiée comme une grappe de raisin et ses glandules aboutissent finalement à un tronc commun s'ouvrant dans la bouche. La glande thoracique est formée de grands culs-de-sac ramifiés et claviformes. La glande cervicale supérieure manque chez la reine et les faux-bourdons, et les autres sont moins développées. Les jeunes ouvrières, qui paraissent surtout chargées de nourrir les larves, ont les trois glandes très-volumineuses, puis la paire cervicale antérieure diminue quand l'ouvrière vieillit; donc très-probablement la salive de cette glande sert à faire la bouillie des larves. L'une des deux autres glandes doit donner une salive propre à malaxer la cire. La trialité de ces glandes salivaires est en rapport avec les trois usages de la salive de l'ouvrière, qui sert à pétrir la cire, à se mêler au miel, à faire la bouillie des larves, qui paraît être surtout un mélange de salive et de pollen azoté (1). Les Fourmis offrent trois glandes analogues, ou au moins deux (fig. 3).

Le tube digestif de l'ouvrière a $0^m,0345$ de longueur, avec des inégalités dans son diamètre, bien entendu sur un sujet de taille moyenne. Il est sept fois courbé et replié sur lui-même (M. Gyrdwoyn), et est attaché par des muscles aux parois du squelette tégumentaire, vers le milieu du corps, au-dessus de la chaîne nerveuse ventràle et au-dessous du vaisseau dorsal. Il naît à la bouche sous la forme d'un tuyau étroit, dont le plus grand diamètre est environ $0^m,00025$. Long de $0^m,005$ dans sa direction droite, cet œsophage traverse le cou, le collier nerveux, le thorax, le pétiole et pénètre dans l'abdomen pour former une petite vésicule piriforme, à paroi musculo-membraneuse, longue de $0^m,004$ et large de $0^m,0025$ lorsqu'elle est remplie de miel. C'est le jabot, à parois transparentes, à reflets argentés, servant de réservoir au miel, concourant peut-être à son élaboration. Ce miel sort par les contractions musculaires de la paroi,

(1) Ramdohr, *Appareil digestif des Insectes*, Halle, 1811. — II. Meckel, *Micrographie de quelques appareils glandulaires chez les animaux inférieurs* (Müller's Archiv. Berlin, 1846, p. 1, pl. I, II, III). — Leydig, *Sur l'anatomie des Insectes* (Archiv für anat. phys., etc., de Reichert et du Bois-Reymond. Leipzig, 1859, p. 33, pl. II, III, IV, et p. 149; sur *Apis mellifica*, p. 56).

quand l'abeille le dégorge dans les cellules pour la provision commune. Au fond de ce jabot est logé à l'intérieur un appareil valvulaire ou gésier de L. Dufour, subrudimentaire, conoïde, ayant en

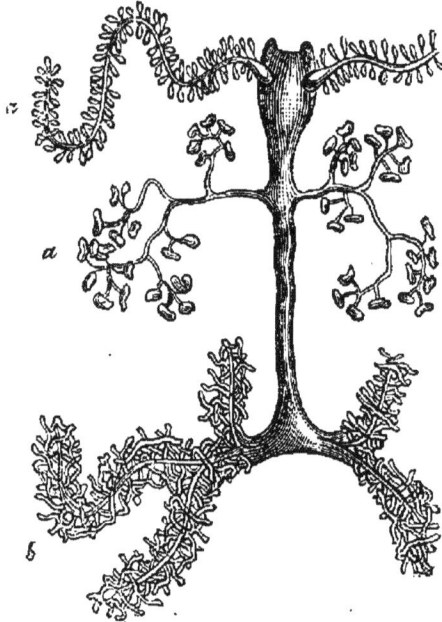

FIG. 3. — Glandes salivaires.

Légende : a, a, glandes salivaires cervicales de l'Abeille ouvrière. — b, glandes salivaires thoraciques.

dedans quatre colonnes calleuses dont les bouts, cornés et brunâtres, et munis d'une courte villosité, forment une valvule d'occlusion complète. Puis, après un brusque rétrécissement du tube digestif, qui n'a plus que $0^m,00025$ de diamètre,

vient un estomac ou intestin moyen, assez long
pour faire une circonvolution complète sur lui-
même, s'élargissant graduellement et présentant,
sur une longueur de 0ᵐ,0095, jusqu'à vingt-trois
bandelettes annulaires bien prononcées. Tout autour de son extrémité postérieure s'insèrent un
grand nombre de canaux de Malpighi, longs et
très-grêles, à bout flottant aveugle (c'est le cas
presque exclusif des Hyménoptères), enchevêtrés
en spirales qui recouvrent la partie inférieure de
l'intestin moyen, et d'une coloration d'un blanc
jaunâtre (fig. 4).

L'intestin moyen (estomac) se dirige à sa naissance vers l'arrière du corps; mais, après avoir
parcouru un tiers de sa longueur, il se recourbe
à droite, revient de là en avant où il se recourbe à
gauche, au-dessus du milieu du jabot, et se replie
vers l'arrière en recouvrant ainsi sa portion antérieure et une portion du jabot; enfin il se replie
de nouveau en arrière et s'étend plus loin que la
première fois. Vers son extrémité cet intestin
moyen se rétrécit jusqu'à 0ᵐ,0015 et forme la
portion grêle de l'intestin terminal. Cette portion
grêle a la même section transversale sur toute sa
longueur, son diamètre étant partout égal à
0ᵐ,0005. Elle a la forme d'un pas d'hélice placé
perpendiculairement à l'axe du corps. Après avoir
parcouru une longueur rectifiée de 0ᵐ,006, elle
s'élargit tout d'un coup et prend un diamètre de
0ᵐ,001. A l'origine de cette portion large est une
valvule interne, formée par la connivence de six
colonnes intérieures charnues, longitudinales.

Cette base offre intérieurement une rangée circulaire de six boutons charnus et oblongs. Puis le
diamètre de la portion large s'agrandit insensi-

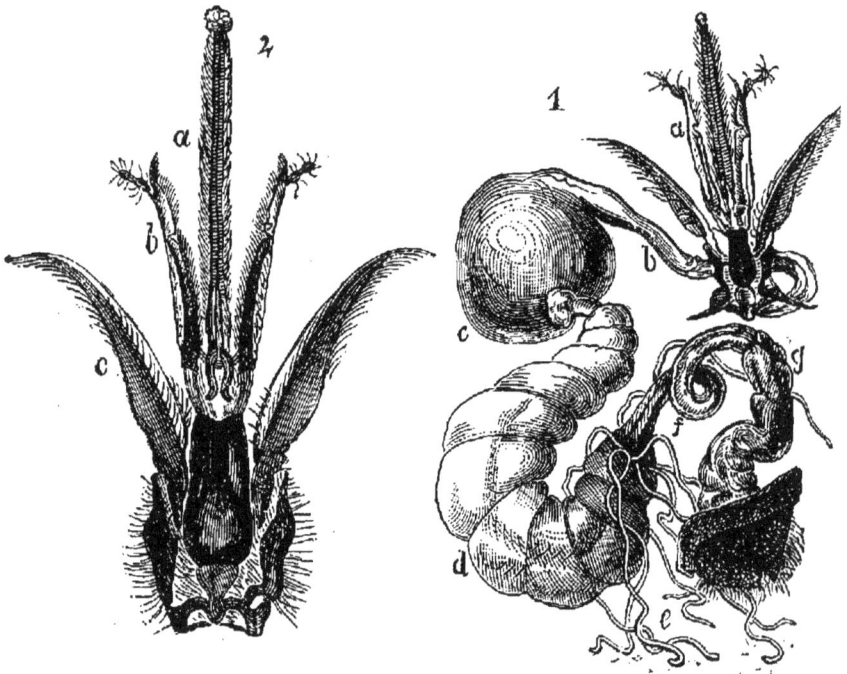

FIG. 4. — Tube digestif et pièces buccales.

Légende : 1, tube digestif.— *a*. pièces buccales. — *b*, œsophage.
— *c*, jabot. — *d*, intestin moyen ou estomac. — *e*, tubes de Malpighi. — *f*, portion grêle de l'intestin postérieur. — *g*, portion
large. — *h*, rectum. — 2, pièces buccales lécheuses. — *a*, lèvre
inférieure. — *b*, palpes labiaux. — *c*, mâchoires.

blement jusqu'à $0^m,0015$, de sorte qu'elle prend la
forme d'une vessie allongée, ayant une longueur
de $0^m,008$, et marquée à la partie supérieure de

quelques lignes claires. Ce gros intestin de la portion large se rétrécit ensuite en intestin anal jusqu'à l'orifice de l'anus, sur une longueur de 0ᵐ,0015 et un diamètre de 0ᵐ,0025. Le gros intestin et l'intestin anal sont d'un brun sale par suite des excréments qui les remplissent, et se voient à travers les parois diaphanes.

Le tube digestif présente trois membranes de dehors en dedans; une couche de fibres musculaires longitudinales et transversées, véritable muscle péristaltique, une tunique propre ou muqueuse, et intérieurement un épithélium sécrétant de la sérosité, et qui offre, dans l'intestin moyen, ou estomac, ou ventricule chylifique, un renouvellement continuel de ses cellules.

Les six boutons charnus du rectum sont, d'après M. Leydig, des pseudo-glandes rectales, proéminentes en dedans, formées par invagination de la paroi, et auxquelles prennent part toutes les couches de l'intestin. Des trachées à air se ramifient dans ces tubercules, ainsi qu'un gros nerf. M. Leydig compare ces boutons charnus du rectum aux lamelles trachéennes formant les branchies rectales des larves aquatiques de Libellules, avec une forme intermédiaire chez les larves d'Éphémériens, autres pseudo-Orthoptères amphibiotiques (Gerstäcker). D'après les partisans du transformisme, ces organes indiqueraient peut-être un atavisme aquatique chez les insectes qui en sont pourvus.

L'embryogénie montre que le tube digestif des insectes se forme en trois parties, ses deux extrémités par invagination interne en doigts de gant de la lamelle embryonnaire, toute la masse du vitellus séparant alors ces intestins antérieur et postérieur; l'intestin moyen se constitue différemment, par une membrane qui englobe le vitellus; plus tard les parois de séparation en cul-de-sac se résorbent, et on obtient un tube unique. Des organes annexes s'ajoutent à cet intestin et se forment par des exsertions ou prolongements de la paroi; tels sont, chez l'Abeille, les glandes salivaires en rapport avec l'intestin antérieur, et, à la naissance de l'intestin postérieur, les tubes de Malpighi ou organes urinaires, versant leur liquide dans l'intestin postérieur, qui n'est qu'un réservoir stercoral, sans rôle absorbant. Un arrêt de développement, ou vestige de l'état embryonnaire, fait que l'intestin moyen demeure aveugle dans les larves des Abeilles, des Frelons et des Guêpes, à l'état de couvain inerte dans les cellules et ne faisant pas de déjections, et aussi dans les larves des Ichneumoniens et autres *Entomospheces*, se nourrissant à l'intérieur des tissus d'autres larves; des excréments rejetés au dehors eussent été un embarras dans ces diverses conditions biologiques.

L'histologie du tube digestif nous apprend que ses couches sont celles de la peau, en ordre inverse par invagination, la cuticule interne, une couche de cellules chitinogènes, une couche externe de fibres musculaires longitudinales et transversales, le tout enveloppé d'une mince séreuse ou membrane péritonéale.

Le système nerveux acquiert un intérêt considérable par les différences profondes de coalescence qu'il offre avec celui de la larve ; en effet, l'abeille adulte, plus parfaite en organisation que le papillon, a commencé au sortir de l'œuf, par une larve apode, bien inférieure à la chenille. La tête présente un cerveau très-développé, en deux gros ganglions cérébroïdes ovalaires, médianement contigus. Ils se prolongent latéralement sur le côté externe en deux larges nerfs optiques, s'évasant en un faisceau de filets destinés aux cornéules ; ils émettent en outre deux nerfs antennaires et trois nerfs grêles aux stemmates (fig. 5).

Il est intéressant de remarquer que les mâles des Abeilles, quoique bien plus gros, surtout par la tête, que les ouvrières, ont le cerveau moindre, même en comparant l'un à l'autre, c'est-à-dire d'une manière absolue, et non pas seulement relativement au corps. Cela coïncide avec le fait que ces mâles ne sont nullement intelligents, tandis qu'on ne saurait refuser des lueurs d'intelligence aux neutres, nourrices et constructeurs. Puis vient le ganglion sous-œsophagien, auquel succèdent, dans la chaîne ventrale, deux ganglions thoraciques. Le premier, qui est sphérique, est réellement un ganglion prothoracique, bien que le prothorax ne forme extérieurement qu'un collier fort étroit, surtout en dessous. En effet, il envoie aux pattes antérieures sa principale paire de nerfs. Vient ensuite un très-fort ganglion allongé, formé de la soudure des ganglions du mésothorax et du métathorax, un léger étranglement transverse indiquant

bien la séparation; chaque ganglion envoie des
nerfs aux paires de pattes et d'ailes de sa région.

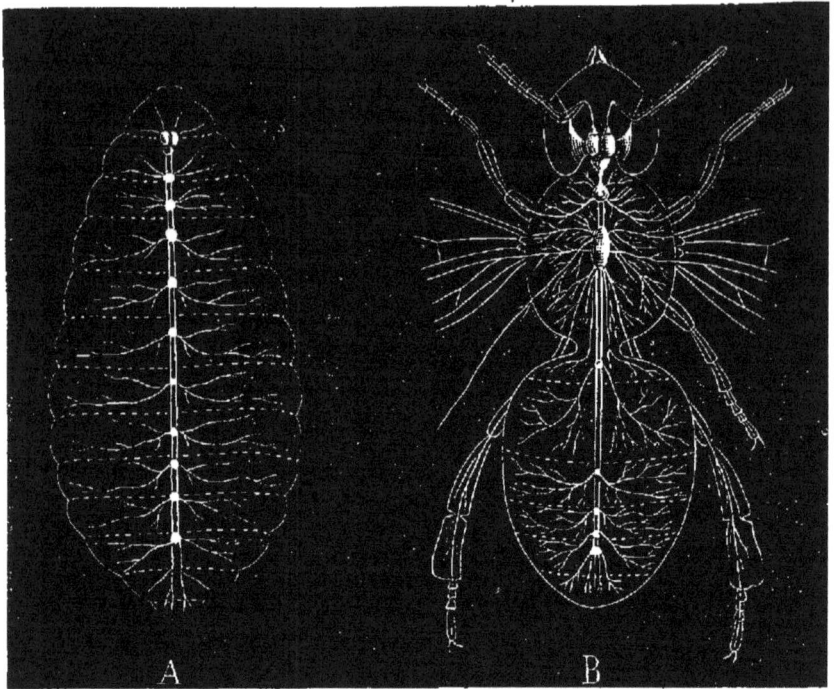

Fig. 5. — Système nerveux de l'Abeille ouvrière.

Légende : A, larve développée. — B, adulte, d'après M. E. Blanchard.

Le postérieur, ou métathoracique, est plus volu-
mineux que le mésothoracique, parce que le premier des ganglions abdominaux de la larve est
venu se confondre avec lui. Il y a cinq ganglions
à l'abdomen, les quatre premiers petits et ovoï-

des, n'émettant qu'une paire de nerfs. Le quatrième est très-rapproché du cinquième, ce dernier beaucoup plus gros et plus allongé qu'aucun
des quatre précédents, et envoyant plusieurs
paires de nerfs principalement destinés aux organes génitaux.

Les recherches de MM. O. Rietschli et A. Kowa-
lewski sur le développement de l'Abeille ont
prouvé que les embryons possèdent dix-sept ganglions, c'est-à-dire un ganglion sus-œsophagien
ou cervical, trois petits ganglions sous-œsopha-
giens, qui se confondent en un seul ganglion
sous-œsophagien chez les larves, trois ganglions
thoraciques et dix ganglions abdominaux, dont les
trois derniers, se rapprochant, forment ensuite le
dernier ganglion abdominal de la larve, qui possède alors sept ganglions abdominaux. Plusieurs
ganglions se fusionnent encore lors des métamorphoses de la larve; le premier de ses ganglions
thoraciques persiste isolé chez l'insecte adulte, les
second et troisième ganglions thoraciques de la
larve se réunissent en une seule masse nerveuse
chez l'adulte, dans laquelle se confond aussi le
premier ganglion abdominal de la larve; le dernier ganglion abdominal de l'adulte résulte de la
soudure de deux ganglions abdominaux de la larve.
C'est l'Abeille ouvrière adulte seule qui possède
cinq ganglions nerveux abdominaux, la reine ou
femelle féconde et le faux-bourdon ou mâle n'en
ont que quatre (1).

(1) Ed. Brandt, *Recherches anatomiques et morphologiques sur*

Nous n'avons parlé que du système nerveux principal de l'Abeille ou système de la vie animale, placé chez les insectes avec une autre symétrie que chez les vertébrés, car il est toujours de côté et d'autre du tube digestif, le cerveau seul du côté dorsal, uni par un collier nerveux circa-œsophagien avec le ganglion sous-œsophagien, qui forme le premier anneau de la chaîne nerveuse ventrale, étendue sous la tête, le thorax et l'abdomen. L'Abeille, ainsi que les insectes les plus élevés, offre deux autres systèmes nerveux plus réduits, destinés aux appareils de la vie organique ou végétative, plus visibles souvent chez les larves que chez les adultes. L'un est le système *stomatogastrique*, formé, au-dessus du tube digestif, d'une partie médiane impaire et deux parties paires, de chaque côté de la précédente, les ganglions de ce système envoyant des filets nerveux aux organes de la digestion, de la circulation et de la respiration. L'autre système nerveux, dit *surajouté* (Newport), est médian, impair et superposé à la chaîne abdominale, offrant par chaque anneau un petit ganglion triangulaire, d'où partent des nerfs latéraux rejoignant par anastomose les nerfs latéraux issus des ganglions de la chaîne abdominale. Ces systèmes nerveux supplémentaires sont les analogues des nerfs pneumogastriques et du grand sympathique des Vertébrés ; nous ne ferons que les mentionner pour l'Abeille.

le système nerveux des insectes Hyménoptères (Comptes rendus de l'Acad. des sciences, 1876, t. LXXXIII, p. 613.

Les insectes possèdent une circulation éminemment lacunaire, sans vaisseaux à parois propres, sauf une aorte antérieure, mais dont un organe d'impulsion, le *vaisseau dorsal*, qui est un cœur à cavités successives en série longitudinale, renouvelle sans cesse les courants sanguins du corps, le sang étant chassé d'arrière en avant dans ce vaisseau dorsal par des contractions rhythmiques de ses chambres. Chez l'Abeille, le cœur, contenu dans l'abdomen, est formé de cinq chambres allongées, la plus antérieure terminée par une artère aorte, droite, non contractile, d'un diamètre de $0^m,0005$, allant au-dessus de l'œsophage jusque dans la tête, où elle se termine près des ganglions cérébroïdes. De très-récentes découvertes, d'une importance capitale (1), ont éclairé ce qui restait encore d'obscur et d'incertain dans l'étude de ce cœur des insectes, si longtemps méconnu et contesté.

La paroi du cœur offre trois couches, un endocarde ou cuticule fine interne, ne pouvant se détacher de la tunique musculaire médiane, et offrant des fibres musculaires striées, qui atteignent chez l'Abeille $0^{mm},012$; enfin extérieurement une tunique adventice de tissu conjonctif, isolable par macération prolongée et de laquelle partent des filaments. Chaque chambre du cœur offre, de chaque côté et en bas, deux ouvertures pour le sang de retour; il n'y a pas de véritables valvules

(1) V. Graber, *Mémoire sur l'appareil propulseur des Insectes* (*Archiv für Anat. microscop.* de Schultze, 1872-1873, t. IX, p. 129, pl. VIII à X).

pour empêcher la sortie du sang, lors des contractions de la paroi, mais des expansions musculaires internes, dont les contractions produisent l'occlusion nécessaire. Le cœur est maintenu en place, non pas par les brides musculo-fibreuses (*ailes* de Lyonnet), qui existent seulement en dessous, mais par d'autres fibres musculaires, entourant tout le cœur, s'insérant aux parois du dermatosquelette, tandis que les ailes ne forment qu'une cloison sous le cœur, sans connexion avec lui, un diaphragme séparant le corps de l'Abeille en deux cavités très-inégales, l'une dorsale, l'autre viscérale. Les fibres musculaires de ce diaphragme sont très-compliquées chez l'Abeille, car, outre l'entre-croisement en dessous du cœur des terminaisons des fibres musculaires qui existent de chaque côté, il y a, d'un même côté, des anastomoses complexes de celles-ci entre elles. Les ailes du cœur ne sont pas chargées, comme on le croyait avant M. V. Graber, de fixer l'organe propulseur du sang, ni d'opérer sa diastole, les muscles propres du cœur faisant sa systole ; le diaphragme péricardique, en se contractant, refoule les viscères, comme le fait le diaphragme des Mammifères, et, en vertu de l'agrandissement de la cavité péricardique qui en résulte, le sang des lacunes du corps passe par les interstices de la cloison et remplit le sinus péricardique.

Celui-ci renferme divers organismes qui entourent le cœur. Il y a d'abord des *cellules péricardiques*, vivement et variablement colorées selon les groupes d'insectes, formant comme un coussin sur lequel repose le cœur, globuleuses ou ovoïdes, isolées les unes des autres, contenant des noyaux en nombre fixe par espèce, variable d'une espèce à l'autre, de un à six ou huit ; parfois elles émettent des filaments, allant d'une part à la tunique adventice du cœur, d'autre part à la cloison péricardique. En outre il y a, dans le sinus péricardique, des lobes de corps graisseux, contenant çà et là ce que M. V. Graber nomme des *cellules enclavées*, de couleur jaune, toujours à un seul noyau, résistant à l'action des solutions alcalines et acides. Enfin, entre les cellules et les lobules graisseux sont des filets nerveux et de nombreuses ramifications trachéennes, recouvrant le vaisseau dorsal et s'intercalant entre les cellules péricardiques. De plus ces dernières sont les terminaisons des plus fines ramifications trachéennes, la membrane péritonéale de la trachée se confondant avec la membrane externe de la cellule péricardique.

L'anatomie nous amène ainsi au rôle physiologique très-important de ces cellules péricardiques ; ce sont les analogues de poumons localisés, des organes propres d'hématose, opérant la révivification du sang tout contre le cœur, qui est un appareil propulseur analogue au cœur gauche des Mammifères et des Oiseaux, poussant en avant le sang réoxygéné qui pénètre dans ses chambres par les paires de boutonnières latérales. Ainsi se trouve levée la grande difficulté qui restait encore pour l'explication de la respiration des Insectes. On comprenait bien que le sang pouvait s'hémato-

ser çà et là par les nombreuses trachées diffusées
dans tout le corps, mais il devait se désoxygéner
en maintes places, en raison des combustions opé-
rées dans les divers organes. Oxygéné une dernière
fois tout contre le cœur, il n'a plus le temps d'o-
pérer des combustions, et entre, richement héma-
tosé, dans le vaisseau contractile d'impulsion.

Le sang de l'Abeille, comme celui des autres
Articulés, est incolore, et contient des corpuscules
solides, toujours incolores et bien moins nombreux que les organites rouges du sang des Vertébrés. Ils sont aussi, en général, bien plus gros,
et cette grosseur était une des plus graves objections qu'on faisait aux partisans de la circulation
trachéenne intermembranulaire des Insectes, avant
que justice complète eût été faite de cette erreur
scientifique et que la controverse avait encore sa
raison d'être. C'est aussi une grande raison de dou-
ter d'une circulation lacunaire de totalité allant
porter les courants du même sang dans toutes les
régions du corps des Insectes qui ont le pédicule
abdominal très-effilé. Ces globules ont tous les caractères des cellules, car on y trouve un protoplasma, un noyau et des granulations autour de
celui-ci. Ce qu'ils offrent de plus curieux, et par
quoi ils sont analogues aux globules blancs du
sang des Vertébrés, c'est qu'ils changent presque incessamment de forme, à la façon de ces Infu-
soires qu'on nomme les Amibes, tantôt ronds,
tantôt ellipsoïdes, tantôt allongés, fusiformes,
naviculaires, ou bien à contour bosselé, ou
déchiré, ou hérissé de pointes, enfin avec des di-

gitations étoilées. L'étude de ces organites hé-- matiques des Insectes est encore peu avancée.

L'Abeille, sauf l'aorte dont nous avons parlé, manque de vaisseaux sanguins, ainsi que tous les Insectes, et, de même que tous les Articulés, de vaisseaux lymphatiques et chylifères.

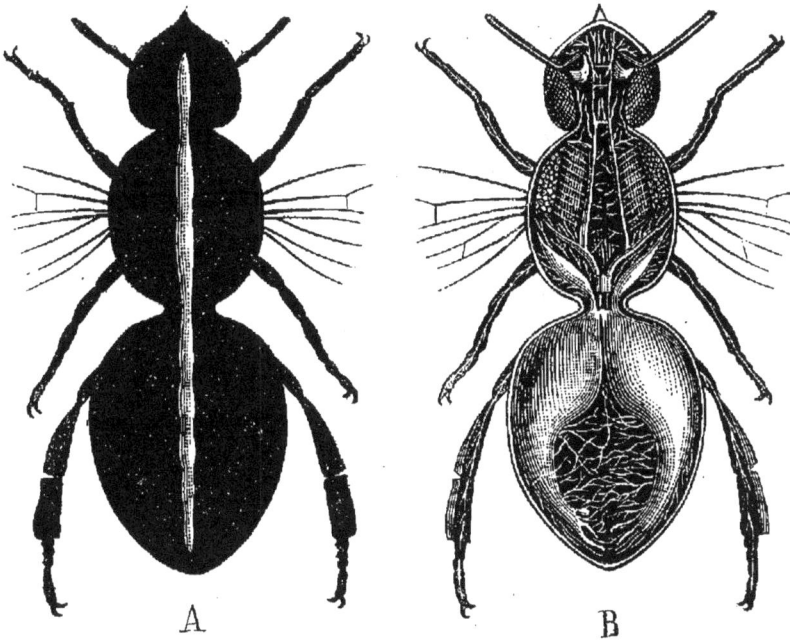

Fig. 6. — Système circulatoire et système respiratoire.

Légende : A, cœur et aorte de l'Abeille. — B, Système respiratoire trachéen vésiculeux.

L'appareil respiratoire des insectes est dissé- miné dans tout le corps, tant suivant l'axe que selon les appendices. Il se compose chez l'Abeille, ainsi que chez la plupart des Hyménoptères et des

Diptères et autres insectes à vol puissant, d'ampoules membraneuses ou *trachées vésiculaires*, et de tubes à mince paroi élastique dits *trachées tubulaires*, dont les ramifications, en nombre considérable, se répandent partout et s'enfoncent dans la substance des organes, comme les racines chevelues d'une plante pénètrent dans le sol. On voit régner, de chaque côté de la cavité abdominale de l'Abeille, un vaste sac trachéen membraneux, d'un blanc mat, allongé, variable pour sa configuration et son ampleur, suivant la quantité d'air dont il est chargé. Du côté externe il s'abouche, au moyen de cols tubuleux, aux cinq *stigmates* abdominaux, ou orifices par où pénètre l'air extérieur (outre ceux du thorax). En avant, c'est-à-dire à la base de l'abdomen, ce sac se dilate en une utricule considérable, existant chez presque tous les Hyménoptères. Elle se termine en avant en un cul-de-sac plus ou moins arrondi et, à sa paroi supérieure, s'implante brusquement le tronc d'une trachée élastique, au moyen duquel le système respiratoire abdominal communique avec le thoracique. Au bout de l'abdomen le sac à air s'atténue en un conduit tubuleux qui forme, avec celui du côté opposé, une grande arcade anastomotique et, de sa partie inférieure, partent des canaux transversaux, grands, simples, dilatés à leur point de départ et atténués vers le milieu du corps où ils se continuent avec ceux du côté opposé. Outre ces connexions, et avec les trachées tubulaires du thorax et entre les deux moitiés du système aérien abdominal, le sac abdominal émet, de divers points

de sa périphérie, des vaisseaux aérifères se rami-
fiant aux organes circonvoisins : en outre des stigmates de cette région partent de puissantes trachées
qui vont vivifier les viscères.

Les deux grands sacs trachéens abdominaux,
qu'on serait tenté d'appeler des poumons abdominaux, ont plusieurs usages : ils tiennent en réserve
l'air nécessaire à l'hématose, à la production de
force musculaire et de chaleur liées à la puissante
locomotion de l'insecte, cette chaleur libre étant
en outre indispensable pour maintenir la température élevée des ruches, nécessaire pour le travail
architectural des ouvrières et l'élevage du couvain. Ces vésicules aériennes augmentent par ré-
sonnance l'intensité du son du bourdonnement, et
servent aussi, à la façon de l'aérostat et du ludion,
à ralentir où à accélérer le vol, par variation de la
densité moyenne, suivant leur extension et le
poids variable d'air qu'elles renferment. Cet air
accumulé est encore un puissant élément de résistance à l'asphyxie, si lente à se produire chez les
insectes. Enfin ces ampoules à air ont un usage
annexe de la reproduction chez le faux-bourdon
ou mâle de l'Abeille, ainsi que chez les mâles des
Bombus, Anthophora, Anthidium, etc., qui ne
s'accouplent qu'au vol, le gonflement de ces vésicules étant indispensable à l'exsertion du pénis.

D'après Lyonnet, on a longtemps admis trois
parties dans la trachée des Insectes, une membrane
externe ou péritonéale, une interne, la paroi propre du canal aérien, qu'on regardait comme indé-
pendante de la précédente, enfin, entre les deux

membranes, un fil spiral élastique, maintenant
béant l'espace intermembranulaire. Les travaux
modernes, surtout ceux d'histologie de M. Leydig,
et d'embryogénie de M. A. Weismann (1), ont
montré pour la trachée le même développement
que pour la peau dont elle est une invagination et
aux mues de laquelle elle participe pour les troncs
les plus voisins des stigmates. Elle est formée de
deux couches seulement, comme l'a très-bien ex-
pliqué M. Balbiani, dans son cours du Collége de
France, 1ᵉʳ semestre 1875-1876; la membrane péritonéale extérieure, formée de cellules accolées,
analogue à l'hypoderme chitinogène de la peau,
sécrétant au contact, sans espace vide entre elles, la
mince cuticule intérieure; les rameaux cellulaires
sont seulement bien plus espacés dans les ramifications fines que dans les gros troncs. La cuticule interne, d'abord homogène, prend ensuite un épaississement de chitine suivant une ligne spirale, destiné
à maintenir béant le calibre de la trachée en raison
de son élasticité. Ce n'est pas un fil isolé, comme
la spiricule des trachées déroulables des végétaux,
si marquée dans la feuille des *Canna ;* ce filament
chitineux ne peut se dérouler que sur une faible
étendue avec une déchirure de la cuticule, de un
à cinq tours au plus, selon M. Sedgwick-Minot (2);

(1) Weismann, *Recherches sur le développement des Diptères*
(en allemand) (*Zeitschrift für Wissenschaftliche Zoologie*, 1863,
t. XIII, p. 190 et t. XIV).

(2) Sedgwick-Minot, *Recherches histologiques sur les trachées
de l'*Hydrophilus piceus (*Archives de physiol.* de MM. Brown-
Séquard, Charcot, Vulpian. Paris, 1876, p. 1, pl. VI et VII).

ce sont des fils successifs par places, interrompus, non déroulables sur une grande étendue, comme dans certains végétaux.

La tunique péritonéale est l'origine première de tout l'appareil trachéen et aussi de la formation des stigmates ; c'est l'élément vivant de la trachée ayant toute l'activité sécrétoire de ses cellules. Lors des mues la cuticule avec son fil spiral sont rejetés au dehors, tirés par la peau externe ; la tunique péritonéale sécrète alors une nouvelle cuticule avec un nouveau filament spiral, et l'air passe dans la nouvelle trachée, l'ancienne se fendant au moment de son rejet.

Quand les deux grandes trachées du corps se renflent en vésicules comme chez l'Abeille, on continue à y trouver la couche extérieure génératrice et la mince cuticule interne ; quant au filament, ses tours de spire sont alors très-écartés, parfois interrompus, parfois en points épaissis, isolés ; parfois enfin manquant tout à fait.

La structure histologique des trachées est liée de si près à la prétendue découverte de la circulation péritrachéenne, qu'il peut être utile de faire connaître l'état actuel de cette question longtemps controversée et résolue aujourd'hui. M. E. Blanchard a cru que lres tachées étaient à la fois des organes de respiration et de circulation ; l'échange gazeux se serait opéré dans toute la trachée entre l'air et le sang circulant dans l'espace intermembranulaire supposé. Il y aurait eu dans la trachée un cylindre creux externe renfermant le sang et contenant un cylindre plein d'air.

Cette théorie faisait rentrer l'appareil respira-toire des Insectes dans le cas habituel, une annexe de l'appareil circulatoire placé sur le trajet du sang.

L'argument capital invoqué à l'appui de ce sys-tème, par M. E. Blanchard, est tiré du procédé des injections rapides. Dans un Insecte on injecte de l'essence de térébenthine carminée, liquide moins dense que l'eau, soit d'arrière en avant par le vais-seau dorsal, soit à l'inverse par une lacune quel-conque du corps; les trachées apparaissent aussi-tôt colorées en rouge, le reste du liquide coloré remonte dès que l'insecte est ouvert sous l'eau, sauf celui emprisonné entre la cuticule et la mem-brane péritonéale des trachées; de même M. E. Blanchard vit le liquide sortir quand il déchirait la paroi de la trachée.

Ces injections subites sont une incontestable expérience, et resteront toujours dans la science comme un excellent procédé technique pour suivre les trachées dans toutes leurs ramifications, jus-qu'à la terminaison ultime, où cesse la distinction en deux parties de la paroi. On comprend donc combien fut naturelle l'erreur où est tombé M. E. Blanchard, à une époque où la structure intime de la trachée était inconnue.

Je suis certain que M. E. Blanchard eût in-terprété tout autrement ses importantes expé-riences, si, à l'époque où elles furent faites, l'em-bryogénie des trachées eût été connue comme elle l'est aujourd'hui.

Il restait cependant des difficultés considérables,

que M. E. Blanchard reconnaissait lui-même dans
son cours au Muséum : jamais on n'a pu préciser
aucune ouverture naturelle par laquelle l'injection et par suite le sang entre dans la paroi de la
trachée, l'insertion de la trachée au stigmate se
faisant par l'hypoderme, sans orifice. En outre on
ne peut dire comment le sang sort des trachées
pour revenir dans les chambres du cœur, les terminaisons variables des trachées étant toujours
aveugles.

Un maître éminent, dont nous avons suivi les
leçons, n'a jamais exposé qu'avec doute et réserve
les conclusions des travaux sur la circulation dite
péritrachéenne, et ce n'est pas lui qui en pré-
senta le rapport à l'Académie des sciences. Il s'ex-
prime ainsi : « Dans l'état actuel de la science, il
serait difficile de se prononcer quant à l'importance du rôle que les espaces péritrachéens peuvent remplir. L'existence de courants dans ces
lacunes tubiformes n'a pas encore été constatée, et
nous ne savons pas bien comment les liquides
répandus dans la cavité viscérale y pénètrent ou
en sortent (1). »

Nous ne pouvons que nous associer à l'opinion
émise par M. Balbiani dans son cours du Collége
de France, 1er semestre 1875-1876.

La force de l'injection est parfaitement capable
de produire des ruptures dans un organisme
aussi frêle et délicat que celui d'un insecte, de

(1) Milne Edwards, *Leçons sur l'anatomie et la physiologie.*
Paris, 1858, t. III, p. 228.

sorte que le liquide peut entrer dans un intervalle accidentellement produit entre la tunique péritonéale et la cuticule, et non réellement préformé. On sait qu'au moment des mues la cuticule se sépare de la couche péritonéale génératrice, et alors une injection est capable de passer; tout dépend chez les larves, sujets les plus habituels de ces expériences, de l'époque de voisinage ou d'éloignement de la mue, chez les adultes d'une plus ou moins grande résistance des membranes eu égard à la force d'impulsion du liquide injecté, de sorte que tantôt on voit réussir l'injection, tantôt elle échoue. En raison de la continuité de la peau extérieure et de la trachée, qui n'en est qu'une invagination, la différence de structure serait déjà difficile à admettre à l'avance, et les travaux d'histologie et d'embryogénie de MM. Leydig, A. Weismann et Gerstäcker, ont bien établi, par leur concordance, la non-existence d'un interstice inter-membranulaire péritrachéen, et par suite d'une circulation, qui exigerait avant tout la liberté de cet intervalle.

A l'extrémité des trachéoles des insectes le filament spiral de chitine épaissie cesse, et il ne reste que la membrane péritonéale seule. La terminaison ultime, toujours fermée, se modifie de diverses manières, selon les organes où aboutissent les trachéoles. On les voit se terminer en réseau cellulaire à la surface des muscles, et aussi de beaucoup de glandes. Parfois elles finissent par des renflements cellulaires à plusieurs noyaux, comme l'a reconnu M. V. Graber pour les cellules péricardiques. Elles peuvent encore se terminer en anse, le tube se repliant sur lui-même ; enfin elles restent parfois cylindriques, et s'arrêtent en un tube cœcal.

Au début des trachées d'origine sont placés les stigmates ou orifices respiratoires, qui n'existent jamais sur la tête des insectes adultes ni sur les derniers anneaux de l'abdomen, notamment l'anneau anal. Ces stigmates sont ordinairement placés sur la membrane de séparation des arceaux et s'entourent chez l'Abeille, comme chez tous les insectes élevés en organisation, d'un cadre chitineux ovalaire, le *peritrème*.

L'air entre dans le stigmate et en sort par les dilatations et les contractions de la cavité abdominale, et l'Abeille charge d'air ses ampoules trachéennes quand elle doit prendre son vol. En général il y a, chez les insectes, de trente à cinquante inspirations par minute ; les mouvements sont très-lents et très-faibles par le froid, accélérés et amples au contraire s'il fait chaud. De même M. V. Graber a remarqué que la température a une très-grande influence sur le nombre des pulsations cardiaques du vaisseau dorsal, qui s'éteignent à peu près aux environs de 0° et s'activent si la température s'élève.

En dedans de chaque stigmate est un appareil obturateur, nécessaire pour assurer le mécanisme de la respiration. Au repos les stigmates restent béants ; mais l'appareil obturateur interne peut se fermer, à la volonté de l'animal, de façon à empêcher l'entrée et la sortie de l'air. C'est ainsi que lors du vol l'air reste inclus dans les gros troncs trachéens, afin d'augmenter la légèreté spécifique moyenne. Quand l'insecte tombe dans l'eau, ou qu'il est plongé dans les gaz ou vapeurs toxiques, il ferme ce système obturateur, de sorte qu'il résiste à l'asphyxie. Cet appareil se clôt, par une action réflexe, un moment après l'inspiration, ce qui force l'air à circuler partout dans les trachées. En outre il y a les occlusions volontaires, comme celles dont nous avons parlé.

L'appareil obturateur, nommé *épiglotte* par Straus-Durckheim (1), se compose de trois parties chitineuses, offrant un grand nombre de variations secondaires de forme, l'étrier, le levier, le ligament obturateur, et d'un muscle obturateur. Les pièces solides qui entourent l'orifice de la trachée sont en dedans du stigmate et plus ou moins loin de lui et de la caisse du vestibule stigmatique, renflement de la trachée d'origine après le stigmate, d'un rôle de renforcement très-important chez les insectes bourdonneurs. Chez les Hyménoptères le levier est double, formé de deux cônes chitineux de grandeur inégale réunis par un muscle transversal, et placés aux deux bouts du ligament obturateur. Le muscle obturateur s'attache à ce

---

(1) Straus-Durckheim, *Considérations sur l'anatomie comparée des Animaux articulés*, etc., *et en particulier du Hanneton.* Paris, 1828. — H. Landois et W. Thelen (en allem.), *La fermeture des trachées chez les Insectes*, avec pl. XII (*Zeitschrift Siebold und Kölliker*, 1867, p. 187 à 214; en particulier : *Clôture des stigmates chez les Hyménoptères*, p. 206 (*Bombus terrestris*, p. 207; *Apis mellifica*, p. 208).

levier, et, en se contractant, le fait basculer, ainsi que le ligament obturateur, lequel s'applique sur l'étrier destiné à fermer la trachée. L'organe sonore principal des Bourdons et des Abeilles, qui est un voile membraneux placé entre les bords de la fente stigmatique, se trouve en avant de cet appareil obturateur situé à l'entrée de la trachée.

Le bourdonnement de l'Abeille n'est pas dû uniquement à la vibration de ses ailes dans le vol, comme on le croit généralement. Une expérience bien simple le prouve. Qu'on prenne, pour avoir plus d'intensité, une de ces grosses Xylocopes violettes ou une de ces femelles trapues des fortes espèces de Bourdons, comme *terrestris*, *hortorum*, *lapidarius*, on entendra, si l'insecte est renfermé dans une boîte, un bourdonnement très-violent, signe de colère ou d'effroi, et c'est à peine si les ailes, repliées contre le corps, ont une légère trépidation. Les ailes ne sont qu'une des causes du bourdonnement. Les Hyménoptères et les Diptères sont essentiellement des insectes sonores. Aristote croyait que le son était produit dans ces deux ordres d'insectes par le pédoncule abdominal, qu'il comparait au roseau aminci sur une portion de sa surface avec lequel les enfants produisent des sons en soufflant; c'est une erreur, car sa ligature n'empêche pas le son. Chabrier, Burmeister, M. Landois (1) ont reconnu dans les bourdon-

_____

(1) H. Landois, *Sons et appareils vocaux des Insectes au point de vue anatomique, physiologique et acoustique* (en allemand),

nements un son à trois tons : 1° par la vibration
des ailes, 2° plus aigu par la vibration des anneaux
de l'abdomen, 3° le plus aigu et le plus intense
par le fait d'un véritable appareil vocal placé aux
orifices stigmatiques. Si on bouche à la cire ces
stigmates, le bourdonnement est aboli, ou du
moins devient d'une faible intensité comparé à ce
qu'il est habituellement, et peu perceptible pour
notre oreille. Il y a derrière le stigmate une vésicule trachéenne qui est un appareil de renforcement du son, et un prolongement lamelleux de la
membrane interne, formant deux lèvres ou ri-
deaux, plus ou moins plissés ou frangés, appareil
producteur du son, dont la vibration par l'air
donne un son de hauteur variable, suivant leur
tension.

Outre le son stigmatique principal, si intense
chez les Bourdons, dont le nom indique des Hyménoptères sonores par excellence, lors du vol,
les ailes donnent un son en rapport avec leur nombre de vibrations, son de tonalité constante chez
un même individu, variant de l'un à l'autre, selon
la taille des ailes. Pour l'Abeille vigoureuse, ce
ton alaire est la_4 (440 vibrations par seconde) et
mi_4 si elle est fatiguée. Les sexes peuvent donner
des tons alaires différents, en raison de la taille ;
ainsi, chez le Bourdon terrestre mâle la_4, et chez
la femelle, beaucoup plus volumineuse, la_3. Les
tons stigmatiques ne sont pas les mêmes : ils sont

avec planches X et XI (*Zeitschrift für Wissensch. Zool, Siebold
und Kölliker*. Leipzig, 1868, p. 105 à 186, et, en particulier, voir
p. 173 pour la notation musicale des bourdonnements.

plus aigus, si_5 chez *Apis mellifica*, fa_6 chez
Anthidium manicatum (Apien solitaire), dont le
ton du vol est fa_4, variation de hauteur de deux
gammes, ce qui est énorme.

Les tonalités différentes ont été mesurées par
M. H. Landois au moyen des procédés ordinaires de
l'acoustique. En 1868, par la méthode graphique,
M. Marey (1) a cherché à mesurer, à l'appareil
enregistreur, les tons alaires des insectes, l'aile
battant sur le papier noirci du cylindre tournant.
En général, il y a des différences assez notables
comparativement à la méthode acoustique ordinaire, ce qui tient à ce que l'insecte mis en expérience est captif et souvent affaibli. Ainsi, pour le
Bourdon femelle l'appareil enregistreur a donné
240 vibrations par seconde, ce qui correspond à
peu près à si_3, tandis que M. H. Landois trouve la_3
ou 220 vibrations, pour l'Abeille 190 vibrations,
nombre beaucoup trop faible, car la_4 est de 440
vibrations, pour la Guêpe 110, aussi beaucoup
trop faible. Les expériences de M. Marey sur les
insectes sont fort incertaines, vu leur extrême
difficulté.

Les Hyménoptères doivent avoir une audition
très-parfaite, en raison même de ces tonalités multiples de leurs appareils sonores, car les sons variés
qu'ils produisent doivent leur permettre de reconnaître leur propre espèce et les espèces différentes
au milieu des airs, et aussi de distinguer les sexes

(1) *Voir*: Maurice Girard, *Traité élémentaire d'Entomologie*.
Paris, 1873, t. I, p. 74, avec graphiques et figure de la courbe
en 8 de l'Abeille et de la Guêpe.

à la hauteur différente du son, ce qui est certai-
nement le cas de la femelle féconde des Abeilles,
lors de l'accouplement.

Le dernier appareil, exclusif des femelles chez
l'Abeille comme chez les autres Hyménoptères aiguillonnés, dont nous parlerons, est celui de l'aiguillon et de sa glande vénénifique, appareil de
défense et probablement auxiliaire dans la ponte
des œufs. Il est analogue, anatomiquement, à la
tarière de ponte des Hyménoptères térébrants des
deux sous-ordres; mais, tandis que la tarière est
souvent plus ou moins saillante au dehors, l'aiguillon reste toujours caché au repos. Situé sur le
côté du rectum, à la région postérieure de la cavité abdominale, il se compose de vaisseaux sécré-
teurs, d'un réservoir d'accumulation du venin,
d'un canal excréteur, enfin d'un instrument vul- .
nérant, dard ou aiguillon.

La glande à venin de l'Abeille est bifurquée, et
ses extrémités sécrétantes, un peu renflées (1),
communiquent à deux longs filets tubuleux, blanchâtres, ressemblant aux vaisseaux de Malpighi
avec lesquels ils s'entremêlent, beaucoup plus
longs que le réservoir, au bout antérieur duquel
ils s'insèrent par une branche simple, de peu de
longueur, bien signalée par Swammerdam. Cette
glande bifide produit de l'acide formique concentré, appelé *venin d'Abeille*, mêlé peut-être de sub-

---

(1) Ces légers renflements n'existent pas dans la figure donnée
par M. E. Blanchard dans ses *Métamorphoses des Insectes;* ce
sont sans doute de petites différences ou de races ou d'individus
pour les sujets disséqués.

stances plus toxiques. On s'explique dès lors l'emploi curatif de l'ammoniaque, neutralisant l'acide

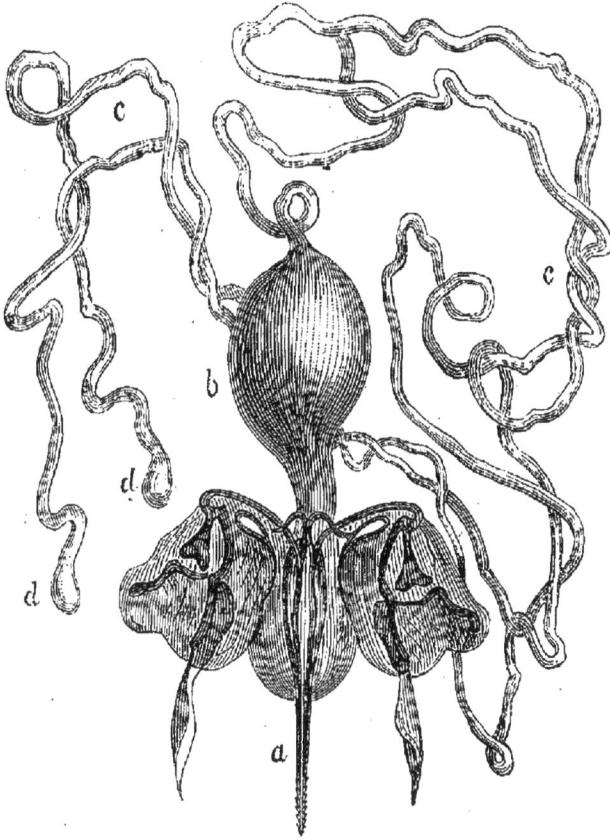

Fig. 7. — Appareil vulnérant de l'Abeille ouvrière.

Legende : *a*, aiguillon. — *b*, réservoir à venin. — *c, c*, tubes de la glande à venin. — *d, d*, ses extrémités sécrétantes renflées.

formique. Le réservoir à venin est pyriforme, incolore et transparent chez l'ouvrière, d'une couleur

laiteuse et trouble chez la femelle féconde. Il en
part un canal étroit qui se termine à l'aiguillon,
attaché au segment anal, et qui est plus long chez
la femelle que chez l'ouvrière.

L'appareil vulnérant ou dard est fixé au corps
par des muscles puissants et pénétré par des trachées et des filets nerveux. Il est formé de pièces
essentielles et de pièces accessoires. Les pièces
essentielles sont de texture cornée, dures, glabres
et d'un brun marron, occupent le centre du système et sont constituées par l'*aiguillon* et le *gorgeret.*

L'aiguillon, inséré à la partie dorsale du dernier anneau, est formé de deux stylets très-
grêles, adossés, constituant par leur réunion une
pointe très-acérée, laissant entre eux une fine rainure médiane destinée à laisser couler la liqueur
venimeuse qu'y verse le conduit excréteur du réservoir et que l'insecte inocule par sa piqûre.
Chez l'Abeille les deux valves styliformes de l'aiguillon sont munies de dents microscopiques bar-
belées, dirigées en arrière, empêchant l'aiguillon
de sortir de la blessure, à la façon de l'hameçon
ou du fer d'une flèche. On s'explique ainsi comment, lors de la piqûre de l'Abeille, l'aiguillon
reste souvent dans la plaie, si on chasse violem-
ment l'insecte sans lui permettre de retirer doucement son aiguillon. L'aiguillon de l'ouvrière est
droit, tandis que celui de la femelle féconde est
plus long et recourbé ; il y a neuf dentelures à l'aiguillon de l'ouvrière, celui de la reine n'en ayant
que cinq. Du côté de la base de l'appareil les deux

lames grêles de l'aiguillon s'écartent l'une de l'autre, en formant deux tiges divergentes, comme les
branches d'un Y. Ces tiges arquées ressemblent
d'autant plus aux cornes de l'os hyoïde des oiseaux, qu'elles remplissent, pour lancer au dehors
l'aiguillon et le ramener, le même rôle de leviers
courbes que les cornes de l'hyoïde pour l'exsertion et la rétraction de la langue.

Le gorgeret, mot emprunté au *gorgeret d'Haw-
kins*, instrument de chirurgie pour l'opération de
la taille, était nommé *étui* par Réaumur, mot aussi
juste, mais moins précis. Inséré à la région ventrale du dernier anneau, il est constitué par un
fourreau résistant et aigu, gouttière due à deux
valves soudées enveloppant l'aiguillon, excepté à
la ligne médiane supérieure, où la rainure de
celui-ci est apparente ; à la base du gorgeret s'attache, de chaque côté, une écaille ventrale. Sa
pointe est acérée comme celle de l'aiguillon, et
paraît un peu saillante à l'extrémité de l'abdomen
de l'Abeille ou de la Guêpe, le dard intérieur ne
sortant qu'au gré de l'animal. Le gorgeret fait absolument l'office de la canule du *trocart*, tandis que
l'aiguillon représente le *poinçon* de ce dernier instrument chirurgical. En effet, grâce à des écailles
distinctes d'attache et à des séries différentes de
muscles, les mouvements du gorgeret ou gaîne et
de l'aiguillon sont bien simultanés, mais indépen-
dants. L'Abeille fait d'abord saillir le gorgeret et
le double aiguillon, puis ce dernier peut jouer
isolément sur le gorgeret supposé immobile. Le
coup d'aiguillon est la piqûre des stylets dentelés

et du gorgeret qui les enveloppe, avec injection d'une goutte de venin. L'éjaculation du venin, coulant le long de la légère cannelure des deux stylets de l'aiguillon, est forcée, comme celle du liquide de la glande à venin de la Vipère qui mord, car les muscles qui lancent à la fois le gorgeret et l'aiguillon appuient en même temps sur le réservoir vénénifique, et expulsent le liquide.

Les pièces accessoires de l'appareil vulnérant sont cornéo-coriacées, plus ou moins souples et sous-jacentes aux pièces essentielles qu'elles embrassent par leur base, qui est dilatée et creusée en forme de gouttière. Du côté de la pointe de l'aiguillon elles se terminent, à droite et à gauche, par un prolongement en spatule, hérissé de poils. Ce prolongement s'étend jusqu'à la pointe de l'aiguillon, dont il peut se rapprocher ou s'éloigner, selon la volonté de l'insecte. Il semble lui servir de balancier ou de régulateur (L. Dufour) (1).

Le docteur Wolf a annoncé avoir découvert l'organe olfactif de l'Abeille, qui serait, comme le pensait Huber, situé dans le pharynx et aurait un développement colossal chez la mère. Il se composerait d'une paire de cavités s'ouvrant dans le pharynx, avec des mouvements rhythmiques pour l'entrée et la sortie de l'air, offrant une membrane

---

(1) On consultera avec intérêt, pour l'appareil vulnérant de l'Abeille, le mémoire de M. August Sollmann, *Zeitschrift für wissenschaftliche Zoologie*, de MM. Siebold et Kölliker, 1863, t. III, pl. XXXVII, fig. 9, appareil complet, et, fig. 2, gorgeret et stylets de l'aiguillon. Cette figure est reproduite, avec simplification, dans mon *Traité élémentaire d'entomologie* 1873, t. I, pl. VI, fig. 10.

pituitaire, avec de nombreux filets d'un nerf olfactif. A la racine de la mandibule et s'enlevant souvent avec elle, serait un gros follicule sécrétant un liquide lubréfiant de la pituitaire. Chose trèsétrange pour un appareil olfactif, ce liquide serait âcre, rougissant la teinture de tournesol et ayant, lorsqu'on le retire du follicule, une odeur aromatique (1).

La femelle féconde est un peu plus grosse et beaucoup plus longue que l'ouvrière. La tête est cordiforme, moins échancrée supérieurement que chez l'ouvrière, les ocelles sur le vertex. Les poils du vertex de la tête sont longs et noirs, l'abdomen conique allongé, à poils plus roussâtres en dessus, le dessous assez velu et d'un brun jaunâtre, les antennes de douze articles d'un brun roussâtre en dessous, le troisième article de l'antenne plus long que le cinquième, les pattes plus longues, les antérieures noires, à poils cendrés, leurs tarses d'un roux brun, les intermédiaires noires, avec le bout des jambes et les tarses roux, les cuisses postérieures noires, les jambes brunes, les tarses roux. Les brosses des tarses des trois paires sont moins caractérisées que chez l'ouvrière, la jambe de la troisième paire n'est que faiblement triangulaire et sans dépression triangulaire ou corbeille; le premier article du tarse, beaucoup plus long que chez l'ouvrière, n'offre aussi aucune dépression, et son côté supé-

_____

(1) Dʳ Wolf, *Aperçu préliminaire sur l'organe de l'odorat dans l'Abeille* (*Apiculteur*, 1875, p. 210).

4.

rieur n'est pas échancré et n'a pas de dent saillante, de sorte que la pince est moins parfaite.
Cette patte ne peut servir à la récolte. De même,
les mandibules plus courtes ne s'appliquent pas
l'une contre l'autre, dans tout leur contour terminal, et saisiraient mal des objets ; elles sont biden-
tées au sommet et la dent inférieure la plus longue ; la trompe est bien moins longue que chez
l'ouvrière et plus fine, car elle ne doit pas lécher
le nectar au fond des fleurs. Les ailes, plus courtes
que l'abdomen, s'arrêtent à son quatrième segment. L'aiguillon est plus grand que chez l'ouvrière et courbé ; mais la femelle féconde ne sait
s'en servir que dans une circonstance déterminée, pour tuer ses rivales ou leurs nymphes,
ou peut-être les ouvrières accidentellement fécondes.

Les mâles ou faux-bourdons (d'après le bruit
spécial qu'ils font en volant) sont beaucoup plus
gros que les ouvrières et moins longs que la femelle féconde. On les reconnaît tout de suite à leur
grosse tête circulaire, forme qui est due surtout à
leurs yeux contigus supérieurement très-déve-
loppés, dont les cornéules embrassent tout l'horizon, et qui ont refoulé les trois ocelles sur le front.
Leurs antennes ont douze articles, et non treize
comme chez beaucoup de mâles d'Apiens. Le troisième article est brièvement triangulaire, le quatrième très-légèrement courbé, à peine plus long
que le cinquième. Ces antennes sont entièrement
noires, ainsi que les pattes ; les segments 5 et 6 de
l'abdomen sont bien garnis de poils noirs. L'abdo-

men, très-obtus au bout, n'a pas d'aiguillon, et les ailes le dépassent encore plus que chez l'ouvrière. Les pattes de la troisième paire ont la jambe épaisse et convexe, poilue en dessus ; le premier article du tarse, plus court que chez l'ouvrière, convexe extérieurement et velu, sans dent saillante au côté supérieur. La languette est courte, comme chez la reine.

On a pu mesurer aisément les largeurs maximum, à la région du thorax, des trois formes de l'Abeille, au moyen de tuyaux cylindriques de largeur telle qu'ils ne laissent qu'un passage étroit et arrêtent les insectes d'un diamètre supérieur ; ces trous s'emploient en apiculture pour diverses expériences et manipulations. On a trouvé de cette façon pour diamètre, $5^{mm},5$ chez le faux-bourdon $4^{mm},5$ chez la femelle féconde, 4 millim. chez l'ouvrière.

Dans l'Europe méridionale (Italie au moins à partir de la Toscane, Sicile, Crète, Grèce) existe maintenant et conjointement avec l'Abeille parfois ordinaire, qui se rencontre surtout dans le nord de l'Italie, une race d'Abeille dite *ligustica*, ou vulgairement Abeille *jaune*, pour la séparer de l'Abeille *noire* de France, d'Allemagne, d'Angleterre, de Russie. Elle offre diverses modifications assez légères dont a fait des races locales, *Dalmate, Carniolienne, Chypriote, Smyrnienne*, etc. Sa taille est en moyenne un peu plus forte que celle de l'Abeille ordinaire. On la distingue tout de suite, parce que les trois premiers segments de l'abdomen chez l'ouvrière sont d'un roux ferrugi-

neux avec le bord inférieur noir aux anneaux
2 et 3 ; ce roux tire sur le jaune chez les jeunes
sujets, sur le rouge quand ils vieillissent. Chez la
femelle féconde et le mâle, la ceinture fauve s'é-
tend au quatrième segment abdominal. On voit à
la loupe, sur des individus récents, que les poils,
chez l'abeille alpine, ont une teinte jaune plus
prononcée que chez la jeune Abeille commune. Ce
qui porte à ne voir chez cette Abeille qu'une race
de l'*A. mellifica*, c'est la fécondité indéfinie des
croisements et la même dimension des alvéoles ;
seulement, en France comme en Allemagne, l'espèce retourne promptement au type *mellifica*, et
les ceintures fauves vont en diminuant chez les
métis et finissent par disparaître. Les apiculteurs
ont une certaine difficulté à conserver pure l'*A.
ligustica*, introduite en France depuis 1859,
surtout par les soins de M. Hamet. Elle a été aussi
naturalisée en Allemagne, en Suède, en Danemark,
en Angleterre et aux États-Unis, où se fait la plus
grande importation. En Italie, et surtout dans la
partie nord, existent à la fois les races *ligustica*
(jaune) et *mellifica* (noire), et Virgile paraît les
avoir connues et distinguées. M. E. Drory, qui a
élevé à Bordeaux des colonies pures de l'*A. ligustica* et qui les a soumises au public en 1873, à
l'Exposition faite par la Société d'horticulture, a
reconnu que, sous un climat autre que celui du
midi de l'Europe, elles sont un peu moins aisément traitables que l'*A. mellifica*. Il a eu beaucoup à se louer, pour le produit et la douceur,
des ruches constituées avec les métis des *A. mel-*

lifica et *ligustica*. L'*A. ligustica* semble éprouver une préférence pour les faux-bourdons de la race ordinaire, de sorte qu'en général, à la troisième génération, les ouvrières qui en proviennent sont retournées au type noir. Le vol de l'Abeille jaune est plus léger et produit un bourdonnement plus doux que celui de l'Abeille noire. Elle est plus vigilante, sachant mieux se défendre contre les ennemis du dehors et du dedans ; elle est plus travailleuse et essaime plus volontiers ; mais elle paraît disposée à s'introduire dans les colonies de l'Abeille commune et à s'y fixer, c'est-à-dire à déserter aisément sa propre ruche, ce qui est de quelque inconvénient.

En terminant l'étude anatomique des trois formes de l'Abeille, nous devons ajouter qu'on a signalé plusieurs fois des hermaphrodites chez l'*A. mellifica*, et, ce qui est fort curieux, très-abondants dans certaines ruches, par suite de quelque conformation spéciale des ovaires de la reine. Il y a des hermaphrodites bilatéraux, d'autres à tête et corselet d'ouvrière, avec abdomen et organes génitaux de faux-bourdons, tantôt, au contraire, des faux-bourdons à aiguillon et à glande à venin plus ou moins développés. M. E. Blanchard a traduit sur ce sujet un intéressant mémoire de M. Th. de Siebold (1). Il y a également d'autres monstruosités que l'hermaphrodisme. Ainsi M. H. Lucas a fait connaître un cas de cyclopie, par réunion complète des deux

_____

(1) *Zeitschrift Siebold und Kölliker*, 1864, XIV, p. 73.

yeux, sans trace de suture médiane, chez l'*A*. *mellifica*, observé sur une ouvrière ou femelle avortée (1). J'ai vu, dans la collection de M. E. Drory, à Bordeaux, des faux-bourdons d'*A*. *ligustica* atteints d'albinisme sur les yeux composés, privés de pigment noir.

Ann. Soc. entom. de France, 4ᵉ sér,, 1868, VIII, p. 737.

CHAPITRE III

Architecture des Abeilles. — Gâteaux et cellules. — Sécrétion
de la cire.

Si on examine à l'intérieur une colonie d'A-
beilles, soit à l'état sauvage, dans une crevasse en
terre, dans un creux d'arbre ou de rocher, soit,
ce qui est le cas ordinaire, dans une demeure préparée par les soins de l'homme, une *ruche* de
forme quelconque, voici ce qu'on observe au premier aspect : de la partie supérieure de la cavité
on voit pendre comme des murs, le plus souvent
parallèles entre eux, certains parfois obliques par
rapport aux autres, laissant entre eux des intervalles libres, environ d'un centimètre, qui sont
comme des rues destinées à la libre circulation du
peuple. En examinant un de ces murs détachés, on
voit qu'il n'est nullement massif, mais constitué
par un *gâteau* de cire, dont les deux faces larges
sont composées des ouvertures de cellules hexagonales, généralement régulières, se rejoignant
par leurs fonds au milieu du gâteau, un peu inclinées d'avant en arrière, et inversement pour
chaque face, ces axes n'étant qu'à peu près hori-
zontaux, de sorte que le miel liquide qu'elles
peuvent contenir soit plus facilement retenu ; par
contre, il tend à s'écouler de lui-même si on ren-

verse la ruche sens dessus dessous. Il n'y a pas de
vides entre les pans d'une cellule et ceux de ses
voisines, chaque pan de cire étant commun à deux
cellules, de sorte que les six faces latérales d'une
cellule sont en même temps chacune la face laté-
rale de six cellules, ses voisines immédiates. Les
cellules des deux faces du gâteau ne sont pas
exactement opposées l'une à l'autre, car les cellules ne se terminent pas par des fonds plats, mais
par des pyramides creuses, composées chacune,
au moyen de troncatures obliques dans le prisme,
de trois losanges égaux, en sorte que le fond d'une
cellule appartient en même temps au fond de trois
cellules du rang opposé. L'adossement des cellules
et le fond pyramidé en creux sont destinés à éco-
nomiser le plus possible la cire employée et l'espace destiné à contenir la postérité, et la nourriture de celle-ci et des habitants de la ruche. On a
calculé que la cire nécessaire pour édifier cinquante cellules à fond plat permet d'en construire
cinquante et une à fond pyramidé. Le bord des
cellules est renforcé d'un bourrelet de cire.

On peut dire que, sous ce double but, l'instinct
a porté les Abeilles à résoudre certaines questions
qui ont exercé les mathématiciens. Ainsi, la nécessité de l'adossement des cellules ne donne
plus que trois figures pour leurs sections droites.
le carré, le triangle équilatéral et l'hexagone
régulier, car ce sont les seules figures planes
qui peuvent se juxtaposer sans vides, et par
suite trois prismes seuls sont possibles. Les
deux premières figures offriraient trop d'espace

en angles perdus pour les larves, qui ne peuvent
utiliser pour leurs coques nympahles que le cercle
inscrit, lequel diffère au contraire bien moins de
l'hexagone que du carré et du triangle.

L'hexagone régulier a un contour moins long
que le triangle équilatéral et que le carré de même
surface ; on voit donc déjà que, parmi les solutions
possibles, celle que les Abeilles ont adoptée donne
lieu au moindre développement dans les parois
latérales de l'enceinte, et à la plus petite dépense
de cire pour la formation de ces murailles destinées à contenir soit le couvain, soit la provision
de miel et de pollen.

Une fois l'hexagone choisi, et avec l'avantage
reconnu des fonds pyramidés, il y avait encore à résoudre cette question de minimum : quels doivent
être les angles des losanges égaux qui terminent
symétriquement autour de l'axe un prisme hexaèdre
régulier, pour que la surface totale soit la moindre
possible? c'est ce problème que Réaumur posa au
géomètre allemand Kœnig. Celui-ci trouva, par
l'analyse infinitésimale, 109° 26' et 70° 34'. M. L. Lalanne est arrivé, par la géométrie analytique, aux
valeurs 109° 28' 16'' et 70° 31' 44'' (1). Lord Brou-
gham, reprenant toutes ces questions, réfute d'abord

---

(1) Consulter : Réaumur, *Mémoires*, etc., 8e mémoire, t. V,
p. 389. — L. Lalanne, *Note sur l'architecture des Abeilles* (*Ann.
sc. natur.*, Zoologie, 2e série, 1840, t. XIII, p. 358). — Lord Brou-
gham, *Recherches analytiques et expérimentales sur les alvéoles
des Abeilles* (*Compt. rend. Acad. des sc.*, 1858, t. XLVI, p. 1024).
— Haüy, *Sur le rapport des figures qui existent entre l'alvéole
des Abeilles et le grenat dodécaèdre* (*Journ. d'hist. nat.*, 1792,
t. II, p. 47).

l'erreur de Buffon, qui croyait la forme hexagonale
des cellules due à la pression, par analogie avec
de prétendus hexagones des bulles de savon accolées. Il fait voir aussi que le docteur Barclay se
trompe lorsqu'il suppose toutes les alvéoles à
parois doubles, ayant pris pour une couche de cire
interne le tapis de pellicules larvaires de nymphose,
entièrement insoluble dans l'essence de térébenthine bouillante, qui dissout tout de suite la cire des
alvéoles. C'est Maclaurin (1) qui prouva par la
géométrie ancienne et comme preuve de ses res-
sources, que Kœnig s'était trompé de 2′ dans les
valeurs angulaires déduites du calcul différentiel,
et que les Abeilles ne donnent pas une solution
approximative du problème, mais la solution
exacte, conforme aux mesures de Maraldi, 70° 32′
et 109° 28′. Si on conduit l'investigation, non sur
la valeur des angles du rhombe, mais sur les lon-
gueurs des lignes, on démontre, tant par l'analyse
que par la géométrie ordinaire, que le minimum
de surface est obtenu quand la perpendiculaire
abaissée de l'angle du rhombe sur le côté opposé,
c'est-à-dire la largeur du rhombe, est égale au
côté de l'hexagone. On a la même économie de cire
et de travail sur la longueur de l'arête du dièdre,
qu'on trouve aussi égale au côté de l'hexagone. La
fabrication de ces arêtes demande plus de cire et
un travail plus soigné que celle des autres parties
de la surface.

Il existe dans les gâteaux des Abeilles deux gran-

_____

(1) *Philos. trans. of London*, 1743.

deurs pour les cellules hexagonales. Les unes, les plus petites, sont destinées au *couvain* d'ouvrières (réunion des larves, puis des nymphes). Elles forment la plupart des gâteaux, occupent presque exclusivement le centre de la ruche, et sont aux grandes cellules à peu près dans la proportion des sept huitièmes. Leur apothème est de $2^{mm},600$, ce qui donne pour chaque côté $3^{mm},002$. Les grandes cellules doivent contenir le couvain de mâles, et ont un apothème de $33^{mm},300$, et un côté de $3^{mm},811$. Le même rayon contient parfois des cellules des deux espèces, soit sur les faces opposées, soit sur la même face; dans ce dernier cas, les ouvrières savent raccorder les grands alvéoles avec les petits, au moyen d'un ou deux alvéoles de grandeur moyenne. Les cellules des deux espèces, dont nous venons de parler, servent aussi à emmagasiner des provisions, miel et pollen.

En outre, les Abeilles construisent quelques grandes cellules ovoïdes, godets à épaisses parois, contenant en poids plus de cent fois autant de cire qu'il en faut pour une cellule d'ouvrière. Ce sont les *cellules royales* ordinaires ou *naturelles*, contenant les larves qui doivent donner les mères fécondes, si improprement appelées *reines*. Les ouvrières les allongent à mesure que les vers maternels grossissent, et le dessus présente des enfoncements comme un dé à coudre; ces énormes cellules sont presque toujours détruites en partie après la sortie des mères; elles sont placées sur le bord des gâteaux, ou dans les passages ménagés dans ceux-ci. En outre, il y a des *cellules royales artificielles*, de

forme analogue, de dimensions moindres, situées
dans l'intérieur des rayons. Elles ont été formées
après coup, par destruction de plusieurs cellules
d'ouvrières, quand les Abeilles ont eu besoin de
faire éclore des mères nouvelles par suite de la

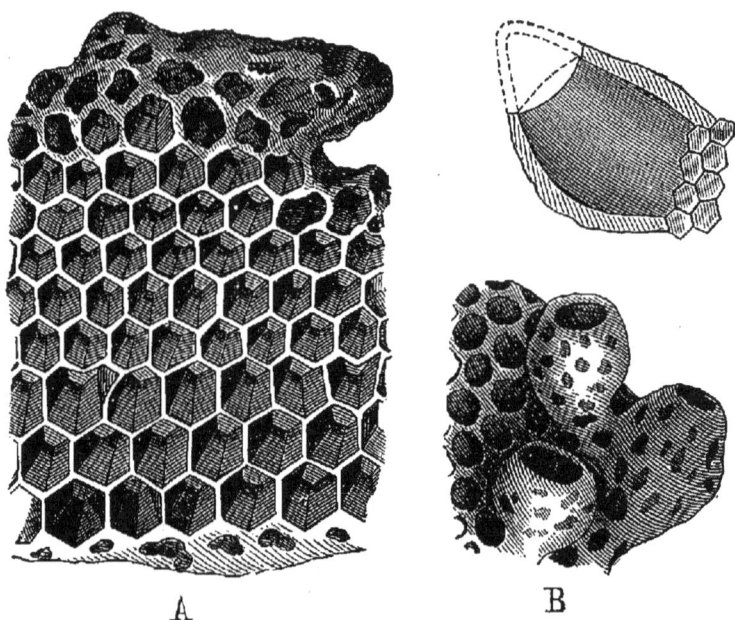

FIG. 8.

Légende : cellules diverses de l'Abeille. — A, cellules de mâles
et d'ouvrières. — B, cellules de femelles fécondes.

perte de la reine unique ; ce que les apiculteurs
nomment des *mères de sauveté.* Les premières
cellules, celles d'*essaimage*, ont un fond arrondi
comme un dé à coudre, tandis que le fond de la

cellule de sauveté est hexagonal, puisqu'elle a été construite sur une cellule ouvrière.

Outre ces cellules normales, on trouve parfois dans les rayons, lors d'une forte abondance de fleurs mellifères ou de miellée des arbres, de grandes cavités, à pans irréguliers, analogues aux pots à miel des Mélipones et des Bourdons et bien plus profondes que les cellules ordinaires d'ouvrières ou de faux-bourdons, remplies de miel précipitamment dégorgé du jabot. Enfin près des parois de la ruche la forme des cellules est d'ordinaire altérée par le manque de place ; il en est de même souvent des premières rangées de cellules par lesquelles les Abeilles commencent les gâteaux et qu'elles ne tardent pas à détruire. D'habitude les premiers gâteaux sont des sortes d'ébauche, de figure elliptique, et où la plupart des cellules près des bords n'ont pas la profondeur normale, mais des profondeurs décroissantes jusqu'à la tranche. Les ouvrières semblent pressées de construire et de se débarrasser de leur cire, et régularisent ensuite ces premiers gâteaux. Ce sont comme des amorces pour le gâteau complet et régulier. Les apiculteurs ont su imiter ce fait naturel et déterminent la construction des gâteaux dans la direction qu'ils veulent, ainsi dans des cadres ou des boîtes disposées à l'intérieur des ruches, en collant à la partie supérieure des morceaux de gâteaux ou des gaufres de cire, à facettes hexagonales, très-employées en Allemagne et en Suisse.

Les cellules à larves d'ouvrières ont une profondeur normale de 12 millimètres. Elles sont

fermées par un couvercle de cire jaunâtre, qui est
d'abord bombé et finit par devenir plat dans les
derniers jours de l'incubation de la nymphe, de
sorte que l'épaisseur du gâteau à *couvain operculé* est alors de 24 millimètres. Il en est de même
pour les gâteaux à miel de conserve, dont les cellules sont fermées par un opercule blanc et plat.
La profondeur normale de la cellule à faux-bourdon est de 15 millimètres. Quand il est operculé
(seul cas où la mesure des épaisseurs de gâteaux
soit exacte), comme l'opercule du faux-bourdon
reste très-bombé et d'une flèche de 2 millimètres
environ, le gâteau à cellules de mâles offre alors
une épaisseur de 34 millimètres, à partir du pôle
d'un opercule.

La largeur maximum des nymphes et des adultes qui en proviennent est sensiblement celle de
la cellule qui est exactement remplie par le corps
de la nymphe, et en rapport direct avec l'apothème
ou rayon du cercle inscrit. On trouve des ouvrières de diverses tailles, bien que provenant des
cellules qui ont originairement des dimensions
exactement pareilles. On assure ordinairement,
dans les traités d'apiculture, que les petits sujets
proviennent d'œufs pondus dans de vieilles cellules, rétrécies par l'accumulation des coques successives des nymphes, de sorte que les ouvrières,
gênées dans leur développement, naissent petites.
Les apiculteurs américains ont reconnu, au contraire, que ces petites abeilles sont des races, au
même titre que les individus affectés de nanisme
dans nos animaux domestiques. De très-vieux

rayons peuvent donner de grosses abeilles, de
sorte qu'il n'est aucunement nécessaire de renouveler fréquemment les rayons des ruches et qu'on
peut continuer à remettre les anciens rayons vidés
de leur miel par l'extracteur à force centrifuge.
On a fait pondre à certaines reines leurs œufs dans
de grandes cellules récemment construites et on a
eu de petites abeilles.

J'ai vu à Bordeaux, chez M. E. Drory, des ouvrières
de taille ordinaire écloses dans de grandes cellules
de mâles, qui avaient seules été données à la mère
à un moment où elle était dans une période de
ponte d'ouvrières. Il y a des expériences contradictoires où la mère, dans ce cas, n'a produit que
des faux-bourdons.

Les faux-bourdons présentent des sujets de
petite, de moyenne et de grande taille. Il est très-
possible qu'il y ait aussi de ce côté des cas de races
spéciales; cependant l'explication adoptée, et paraissant conforme à l'expérience habituelle, est la
suivante. Les premiers, qui sont rares, proviennent d'œufs de mâles déposés, par diverses causes,
dans de petites cellules à ouvrières; les seconds,
qui sont plus communs, naissent dans ces alvéoles
intermédiaires qui servent de raccord, sur un
même gâteau, aux cellules des deux apothèmes;
enfin les faux-bourdons de grande taille, qui forment la majorité considérable des mâles, sont dus
aux larves développées dans les grandes cellules
hexagonales.

Des apiculteurs ont cru à un rétrécissement de
la cellule de mâle, lorsqu'une ouvrière devait y

naître par un œuf déposé contre l'ordinaire. Ils
ont été trompés par ce fait que l'ouvrière, plus
petite que le faux-bourdon, décalotte moins l'opercule en éclosant que ne le fait celui-ci, de sorte
que le rebord restant de l'opercule semble un
épaississement de la paroi de la cellule; mais, en
enlevant ce rebord, on voit que la cellule de mâle
a gardé son ampleur normale. Cela est en rapport
avec ce fait que la vue de la grandeur de la cellule
n'entraîne pas obligatoirement le sexe de l'œuf
pondu.

La construction des cellules dont nous venons
de parler nous oblige d'abord à examiner la production de la cire, qui en est la matière constitu-
tive, et le rôle varié des ouvrières dans la ruche.
Beaucoup d'apiculteurs, d'après Huber, admettent
une division du travail, qui ne paraît pas sans
nombreuses exceptions. On croit que les plus
jeunes Abeilles, et celles de la moindre taille,
sont destinées aux fonctions de nourrices, ne sortent pas ou peu de la ruche, et se consacrent à
l'élevage du couvain, que d'autres, souvent plus
grosses, les plus âgées selon certains auteurs, sont
les cirières et architectes, sortent de la ruche, butinent au dehors le miel, le pollen et la propolis,
et, rentrées à la ruche, construisent les édifices.

On a longtemps cru, en voyant les Abeilles ouvrières dégorger dans les cellules le miel, léché
par la lèvre inférieure et recueilli dans le jabot,
que la cire avait une origine externe analogue. En
effet, la cire est très-répandue dans les plantes,
forme la *fleur* des prunes, le glacis des feuilles de

chou, etc., et le pollen contient de la cire. Aussi Swammerdam, puis Maraldi, eurent l'opinion que les Abeilles la récoltaient au dehors et ne faisaient que la malaxer. Réaumur observa que sa production dans la ruche n'était pas liée à la récolte du pollen, et, la voyant pétrie par les mandibules, supposa qu'elle sortait du tube digestif par la bouche, à titre d'annexe de la digestion de l'insecte. C'est en 1768 qu'un paysan de la Lusace, où s'était formée une société d'apiculteurs, reconnut que la cire se produit au-dessous de certains anneaux de l'abdomen, en forme de plaques écailleuses, et cette découverte fut confirmée vers la fin du siècle par John Hunter et Huber. Si on soulève le bord écailleux des segments de l'abdomen, ou si on exerce une traction ménagée sur celui-ci, on aperçoit quatre paires de glandes cirières, revêtues d'un tissu utriculaire sécréteur, mou et d'un blanc jaunâtre, séparées par l'arête médiane de l'abdomen, qui se bifurque et se contourne en arc à droite et à gauche, fournissant ainsi un bord solide à la membrane cirière de chaque paire. Les contours de ces aires membraneuses, inclinées comme les côtés du corps même, sont des pentagones très-irréguliers, sur lesquels se moulent les lames de cire ; elles sont en entier recouvertes par le bord du segment précédent, et forment avec lui de petites poches ouvertes seulement par le bas. Le premier segment de l'abdomen et le dernier, ou segment anal, manquent de ces glandes cirières, qui font complétement défaut chez les mâles et chez les femelles fécondes. Les

5.

lamelles de cire, qu'on peut retirer avec la pointe
d'une aiguille, sont plus fragiles et moins blanches que la cire des alvéoles très-récents, et ne
se comportent pas de même à l'égard de certains
dissolvants. La salive de l'ouvrière modifie un peu
cette cire, qu'elle retire des glandes avec la pince
des pattes postérieures, saisit ensuite avec les crochets des tarses antérieurs, et la porte, afin de la
triturer, entre ses mandibules, taraudées en creux
au bout, de façon que la cire devient plus collante,
plus malléable.

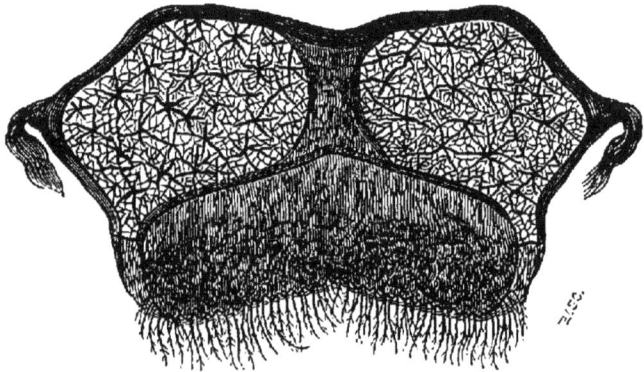

FIG. 9. — Glandes cirières de l'Abeille ouvrière.

Buffon croyait que les Abeilles, travaillant toutes
ensemble aux alvéoles de leurs rayons, produisaient des cavités toutes égales. Ce n'est pas ainsi
que les choses se passent; les cellules se font une
à une, de place en place, et non toutes à la fois.
Les ouvrières se rassemblent au haut de la ruche.
Une d'elles, bien chargée de cire, refoule les

autres, et forme, en tournant, un espace vide à
la place où l'on doit construire. Elle façonne un
ruban de cire sur lequel elle étend sa large lèvre
inférieure comme une truelle, de façon à incor-
porer à la cire la salive dont cette lèvre est chargée, à la blanchir et à la rendre glutineuse, et
attache au plafond un petit bloc formé de toute la
cire que lui donnent ses glandes abdominales.
Une autre lui succède et augmente le petit tas
cireux déposé par sa compagne, qui lui sert de
guide et d'amorce, puis une troisième, etc. De ces
opérations résulte un bloc de cire raboteux, in-
forme, sans trace de figures de cellules, descendant verticalement de la voûte, sur une longueur
de 24 à 36 millimètres. C'est une simple cloison
en ligne droite et sans inflexion, occupant la place
du plan axile futur du gâteau, avec une épaisseur
égale environ aux deux tiers du diamètre d'une
cellule, moindre vers l'extrémité. Puis une Abeille
creuse avec ses mandibules une niche cylindrique,
à fond arrondi, à la partie supérieure de la cloison
de cire, et accumule le déblai en deux cloisons
verticales. Une autre la remplace, etc. Ensuite,
deux ouvrières, vis-à-vis l'une de l'autre, creusent
ensemble sur les deux parois du gâteau futur, puis
deux nouvelles en outre, puis davantage, de sorte
que bientôt une centaine d'abeilles travaillent à la
fois aux cellules, et il ne devient plus possible de
suivre leurs multiples opérations. Les contours
des cellules, d'abord arrondis, sont ensuite exca-
vés en angles de 60 degrés, et les fonds hémisphé-
riques changés en fonds pyramidaux, par pans

obliques, avec angles sortants et rentrants; puis le bord des cellules est vernissé d'un peu de propolis. Les cellules de la première rangée, celles du haut, ont été mal façonnées, car les Abeilles savent qu'elles sont provisoires. En effet, le travail fini, le peloton d'Abeilles se trouble quelques instants; elles mordillent la première rangée de cellules, la détruisent et façonnent la cire de ces cellules en colonnettes irrégulières d'attache et de consolidation.

Réaumur avait proposé le diamètre des alvéoles des Abeilles pour étalon invariable du système métrique; mais cette idée n'a pu être adoptée, car les Abeilles font de plus grandes cellules hexagonales pour les mâles, des cellules différentes de raccord, des cellules d'essai irrégulières, de grandes cellules de miel, etc. En outre, les diverses espèces d'Abeilles ont un apothème d'alvéole distinct, de sorte que l'étalon serait variable dans la même ruche, et surtout différent d'une ruche à l'autre, suivant l'espèce d'Abeille qui s'y trouve, ce qui est l'objection capitale qu'on puisse faire à un système métrique.

CHAPITRE IV

Organes génitaux des deux sexes de l'Abeille. — Fécondation. — Parthénogenèse.

L'usage principal, sinon exclusif des gâteaux dont nous venons d'exposer la construction, c'est la production et l'élevage du couvain des trois individualités qui constituent l'espèce du genre *Apis*. Le rôle fondamental appartient à l'individu unique par ruche bien agencée qui constitue la femelle féconde. Nous devons dès lors compléter d'abord l'histoire de cette forme de l'espèce prépondérante par sa fonction.

L'Abeille mère sert uniquement à multiplier l'espèce et n'exerce aucun commandement; aussi le nom de reine lui convient fort mal. Ce qui peut tromper à cet égard, c'est l'apparence de déférence qu'ont pour elle les ouvrières, qui s'écartent sur son passage et souvent la suivent, pour voir si elle accomplit régulièrement sa ponte, cette ponte qui assure l'équilibre et le fonctionnement de la colonie. La mère est d'un caractère fort timide et fuit au moindre danger dans les profondeurs de la ruche : ainsi, lorsqu'on frappe sur les parois de la ruche et que les ouvrières furieuses sortent en troupe pour se jeter sur l'agresseur. Que dire de cette prétendue reine qui se laisse maltraiter par une

Abeille étrangère qui a su se glisser dans la ruche?
Celle-ci lui tire les ailes, les pattes, se dispose à la
piquer ; la mère quoique plus forte, souffre tout,
baisse la tête, resserre les anneaux de son ventre
pour dérober à l'aiguillon ses articulations plus
molles et fuit quand elle peut. Si on prend la mère
entre les doigts, alors qu'une ouvrière piquerait
immédiatement, la mère est tellement paralysée par
la peur, qu'elle ne sait se servir de son aiguillon.
Elle ne montre son courage ou plutôt sa fureur
que dans une seule circonstance, contre les individus de son espèce et peut-être aussi contre les ouvrières accidentellement pondeuses. L'aversion des
mères les unes pour les autres est telle que, même
en captivité sous un verre, la plus forte ou la plus
adroite, qui en rencontre une autre, la tue ; elle la
saisit, avec ses mandibules, à la naissance de l'aile,
puis monte sur son dos et amène l'extrémité de
son abdomen sur les derniers anneaux de son enne-
mie, qu'elle parvient à percer. Elle lâche alors l'aile
qu'elle tient et retire son dard, et la mère vaincue
tombe et expire bientôt après. Cette aversion existe
aussi contre les mères au berceau prêtes à naître et
que la mère tue, quand elle peut, dans leurs cellules, en pratiquant une ouverture à la base. Il ne
doit rester normalement qu'une seule mère fécondée et pondeuse par ruche, et dans ce cas
les Abeilles n'acceptent jamais une mère étrangère
qu'on veut leur donner. Elles la saisissent, accro-
chent avec leurs mandibules ses pattes ou ses ailes
et la serrent de si près qu'elle ne peut se mouvoir.
De nouvelles Abeilles se joignent de l'intérieur à

ce premier peloton et le rendent encore plus
serré ; toutes les têtes sont tournées vers le centre
où la mère est renfermée, et elles s'y tiennent avec
un tel acharnement qu'on peut les prendre et les
porter quelques instants sans qu'elles s'en aper-
çoivent. Le peloton qu'elles forment est de la grosseur d'une petite noix. La fureur des assaillantes
est extrême quand on essaye de leur faire lâcher
prise, et on n'y réussit qu'avec de la fumée. La
mère survit rarement saine et sauve à cette rude
étreinte ; elle est mutilée ou périt.

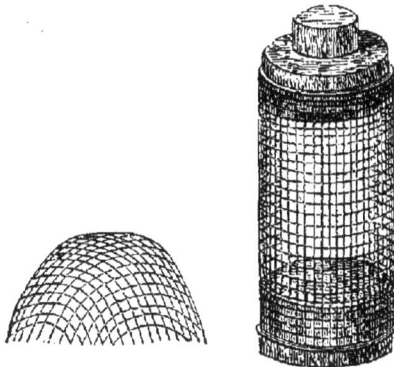

Fig. 10. — Cages pour l'acceptation d'une reine.

On a remarqué que les jeunes abeilles acceptent plus volontiers une mère que les vieilles.
D'autre part, il faut qu'au moment de l'acceptation
d'une mère étrangère la colonie ne soit aucunement troublée ; c'est pour cela qu'on met la mère
nouvelle dans un étui de toile métallique. Cet étui,
introduit au milieu d'une colonie de jeunes

abeilles, reste ainsi pendant deux jours, afin que
la mère prenne l'odeur de la ruche. A ce moment,
on retire l'étui pour un instant, on l'ouvre et on le
rebouche avec un morceau de rayon de miel. Ou
bien on se contente d'enfermer la nouvelle reine
sous une petite calotte de toile métallique enfoncée sur un morceau de gâteau.

Les abeilles alors percent elles-mêmes la cire,
après avoir mangé le miel, et délivrent par leur
action propre la mère, qui est ainsi reçue sans
difficulté. Des auteurs assurent qu'il faut prendre
la précaution de détruire les larves ou les nymphes
de mères qui pourraient exister dans les alvéoles
maternels ; mais il n'est pas prouvé que cela soit
indispensable, ce n'est qu'une bonne précaution.
En général, aussitôt l'étui posé, il est entouré par
les ouvrières avec une sorte d'acharnement ; mais
bientôt l'agitation de la ruche orpheline, qui était
extrême, cesse tout à fait, et souvent on voit les
ouvrières nourrir la mère captive. La présence
d'une mère adulte, ou du moins de mères prêtes
à éclore dans des cellules maternelles primaires
ou artificielles, est obligatoire pour que les ouvrières continuent à récolter et à bâtir : sans cette
condition la ruche est livrée au trouble, les Abeilles
se découragent, émigrent ou laissent envahir la
ruche par les pillardes du dehors.

La question la plus importante pour l'avenir des
ruches est celle de la fécondation de l'abeille
mère. Nous devons la faire précéder de l'étude
anatomique des organes reproducteurs des deux
sexes.

Les organes génitaux mâles se composent de deux testicules, de deux canaux déférents, de deux vésicules séminales et de deux glandes muqueuses, d'un conduit éjaculateur et d'un pénis. Les testicules sont des glandes allongées, légèrement aplaties, blanches, beaucoup plus petites chez l'adulte que les ovaires de la femelle, placées dans l'abdomen de chaque côté du tube digestif. Ils se composent de canalicules spermatiques, au nombre de près de trois cents, qui s'abouchent aux canaux déférents.

C'est à l'état de nymphe que les testicules du faux-bourdon ont le plus grand développement, en forme de fève, égalant alors presque en dimension les ovaires de la reine, rapprochés au-dessus de l'intestin, le long de la ligne dorsale centrale; leurs canaux spermatiques sont alors remplis de vésicules spermatogènes mûres et de spermatozoïdes filamenteux, doués d'un vif mouvement serpentin, qui fait que l'ondulation de la masse ressemble parfaitement à celle d'un champ d'épis balancés par une brise légère. Chez l'adulte, ces spermatozoïdes ont passé en grande partie dans les vésicules séminales, et les testicules se sont fortement rétractés et aplatis, leur tissu membraneux étant traversé par de nombreuses trachéoles. Les canaux déférents sont des tuyaux étroits, qui, après plusieurs tours d'enroulement sur eux-mêmes, entrent dans les vésicules séminales, lesquelles se réunissent, par leurs extrémités rétrécies, aux glandes muqueuses, sécrétant un liquide gluant et durcissant, destiné au collage des spermatozoïdes, qui

se façonnent en spermatophore (1). Les vésicules
séminales, en se réunissant à l'embouchure des

FIG. 11.

Légende : appareil génital de l'Abeille mâle. — *a, a,* testicules,
vésicules séminales et canaux déférents. — *b, b,* glandes muqueuses. — *c,* conduit séminal. — *d,* partie où se forme le spermatophore. — *e, e,* pneumophyses. — *f,* spermatozoïdes.

glandes muqueuses, donnent naissance au conduit
séminal commun, muni de muscles très-déve-
loppés pour pousser le spermatophore. Le pénis se

_____

(1) Leuckart, *Sur la sexualité des Abeilles* (trad.); l'*Apiculteur,* 7ᵉ année, p. 334; 8ᵉ année, p. 14, 74, 101,

compose d'un petit corps blanc et charnu nommé *lentille* qui se trouve réuni à deux écailles en figure de fer de faucille, et à deux autres triangulaires, vestiges rudimentaires de l'armure copulatrice habituelle des Hyménoptères; la lentille est également enveloppée d'un fourreau de la verge membraneux et rudimentaire.

Sur la lentille et sur son enveloppe se trouvent cinq ou sept anneaux bruns et courbés qui firent appeler cet organe *pièce à cinq bandes* par Swammerdam.

Ce sont des tubercules hérissés de poils raides, qui empêchent la sortie du pénis en érection dans le vagin et aidant à sa rupture. Au-dessus de ces appendices sont placés deux sacs membraneux, en forme de cornes, plus ou moins boursouflés d'air, et ayant leurs ouvertures particulières communiquant à l'extérieur. Ce sont les *pneumophyses* ou *vessies aérifères* de L. Dutour, les *appendices creux et pointus* de Swammerdam, paraissant exclusivement propres aux mâles du genre *Apis*. Dans l'état d'affaissement ces pièces sont plus ou moins coudées sur elles-mêmes et déprimées; mais, quand elles sont enflées et bien développées, elles deviennent dures et rénitentes, et prennent la forme de cornes divergentes droites ou courbes, dont la pointe, dirigée en arrière, présente différents degrés d'inflexion. Si elles se dessèchent dans cet état, leur enveloppe conserve la forme et prend une consistance papyracée ou mieux de pelure d'oignon. Dans le cas de turgescence de l'appareil génital, on trouve parfois des faux-bourdons où ces vessies forment une saillie extérieure par le bout de l'abdomen, et constituent là comme une double hernie, qui peut rentrer au gré de l'animal.

Le spermatophore est un corps en forme de poire qui distend la partie supérieure du pénis avec aspect de bulbe. Un fait très-curieux accompagne l'expulsion de ce spermatophore fécondant, c'est le retournement des parties du pénis, à la façon d'un prolapsus du rectum. Le pénis gît lâchement dans la cavité du ventre, où il n'adhère au corps qu'au bord de l'orifice sexuel. Il se comporte comme un doigt de gant à moitié retourné, dont le bout sera chassé graduellement et retroussé, si on enfle d'air la portion supérieure, puis qu'on la comprime. On observe très-bien tout ce mécanisme de la manière qui suit :

Si l'on examine le bout de l'abdomen de l'abeille mâle, on voit qu'il est très-obtus et un peu courbé en dessous, de sorte que son ouverture est inférieure. Elle est ronde, assez grande, fermée par deux panneaux latéraux obtus, velus en dehors, et, en avant, par une lame transversale, dépendante du dernier segment ventral de l'abdomen. Qu'on exerce alors une pression graduellement ménagée sur les organes internes, on voit d'abord sortir de cette ouverture une sorte de tête vésiculeuse arrondie (*masque* de Réaumur), toute velue extérieurement et grisâtre. Les pneumophyses se présentent ensuite, se déroulent, s'enflent par l'introduction de l'air, et la tête vésiculeuse se trouve placée en avant de leur base.

La verge se montre alors et à nu ; mais, au lieu d'être droite et dirigée en avant, comme elle se montrait au repos dans son fourreau, elle a éprouvé une inversion qui porte son bout en arrière et le courbe en arc.

Le même renversement s'opère lors de la copulation, et c'est alors que les séries de poils épineux dressés s'opposent à la rétraction. La force qui le détermine est la pression que le faux-bourdon exerce sur l'appareil sexuel par une contraction violente des muscles de l'abdomen. Le pénis renversé présente, l'une après l'autre, au dehors la section terminale, la médiane et le bulbe, et c'est alors que le spermatophore est délivré et déchargé. Plus l'abdomen est plein et distendu, plus l'organe sexuel est chassé facilement. Or les trachées sont très-gonflées d'air quand l'insecte prend son vol puissant à la recherche de la femelle féconde, ce qui augmente beaucoup la pression exercée sur les parois latérales de l'abdomen. C'est pourquoi le coït ne peut s'accomplir qu'au vol, et le retroussement obligé du pénis ne lui permet pas de s'opérer sur des insectes posés à plat. Cela explique qu'Huber n'a jamais pu voir d'accouplement entre le faux bourdon et la mère vierge, renfermés ensemble dans une boîte. Au repos, les trachées étant désenflées, la pression serait insuffisante pour le complet renversement de l'organe copulateur mâle, indispensable à la délivrance du spermatophore et à son introduction dans la cavité vaginale et dans la spermathèque de la mère.

Si on coupe brusquement la tête à un faux-bourdon au repos, une excitation nerveuse considérable détermine une contraction violente et convulsive de l'abdomen, avec expulsion et renversement de l'organe; mais celui-ci reste incomplet. La seule section terminale du pénis avec ses cornes vient au dehors, le bulbe n'est jamais ni ébranlé ni expulsé, et par suite il n'y a pas délivrance ni décharge du spermatophore.

Il est probable que l'organe avec ses annexes n'est pas extravasé librement avant le coït, mais seulement après que le bout de l'abdomen est inséré dans la cavité vaginale, de sorte que le renversement successif se produit dans cette cavité, en même temps qu'une turgescence considérable. Les portions internes doivent suivre le renversement de l'organe, et le conduit éjaculatoire s'y prête par son élasticité, qui lui permet un grand allongement. Après la rupture de l'organe sexuel, il arrive souvent que le fragment arraché de ce conduit ressemble à un filament ou à un fil blanc, et pend hors du vagin de la mère, signe de copulation consommée.

Ce que nous venons de dire n'est pas seulement vrai pour les faux-bourdons, élevés dans les cellules normales de leur sexe et issus d'une mère fécondée, mais pour tous indistinctement. Ceux sortis d'œufs de mères non fécondées ou bourdonneuses sont aussi parfaitement développés et aussi pleinement virils que les autres. Il en est de même des faux-bourdons élevés par accident dans une cellule maternelle, et que les ouvrières re-

cherchent pour les tuer avant leur sortie, des petits faux-bourdons nains élevés occasionnellement
dans des cellules d'ouvrières, et des faux-bourdons provenant d'œufs d'ouvrières fertiles. C'est
ce que M. Leuckart a bien constaté pour des faux-
bourdons nés d'une ouvrière italienne fertile, et qui
donnèrent, avec des mères noires, des ouvrières à
couleurs mixtes entre les races *mellifica* et *ligustica*. On trouva dans ces faux-bourdons nés d'ouvrières fertiles les mêmes spermatozoïdes filamentaires mobiles que chez les autres.

L'Abeille mère présente deux ovaires latéraux,
conoïdes, aux mêmes places que les testicules du
mâle, composés chacun de près de deux cents tubes
aveugles, ou follicules, chacun présentant une certaine quantité d'œufs d'un blanc jaunâtre, allongés, de diverses grosseurs et rangés comme les
perles d'un collier. Lors de la grande ponte,
chaque follicule offre plus d'une douzaine d'œufs,
dont un ou plusieurs mûrs à la partie inférieure,
de sorte que le nombre total d'œufs ou de germes
des deux ovaires est alors au moins de quatre
mille. En hiver, le nombre des germes est réduit
de moitié, et on ne trouve presque jamais d'œufs
mûrs dans les ovaires. Les germes sont plus tardifs à se développer chez les mères que les spermatozoïdes filamentaires chez les faux-bourdons.
On ne les voit pas dans les nymphes maternelles
prêtes à éclore, où les tubes ovariens sont pleins
de globules pellucides semblables aux globules
qui précèdent l'apparition des filaments séminaux dans les testicules des faux-bourdons. Les

premiers germes des œufs prennent naissance au
bout supérieur et effilé des tubes, puis le vitellus apparaît, et, au bas de la gaîne, le chorion.

Toutes les gaînes sont entrelacées de fins vaisseaux aériens, et les deux cordons suspenseurs
communs s'attachent des deux côtés du vaisseau
dorsal vers la partie antérieure de l'abdomen. Les
follicules réunis des ovaires forment deux ca-
lices, d'où prennent naissance deux oviductes simples, à parois plus épaisses et plus fortes que celles
des ovaires, et qui se confondent dans un seul conduit, le vagin, à parois très-nettement muscu-
leuses. Il offre de chaque côté, postérieurement,
deux poches ovoïdes, que M. Leuckart croit destinées à recevoir les deux cornes latérales ou pneumophyses du mâle. Les parois des oviductes et du
vagin comprennent les extrémités des trachéoles
et des filets nerveux, et, dans quelques parties,
des cellules agglomérées qui répandent un liquide
gluant, durcissant promptement au contact de l'air,
et qui sert à fixer chaque œuf au fond de l'alvéole;
M. Leuckart a trouvé cette glu aux œufs mûrs
encore dans l'oviducte.

Latéralement unie au col du vagin se trouve la
spermathèque ou poche copulatrice d'Audouin.
Visible à l'œil nu chez l'Abeille mère, elle a la
forme d'une petite vessie arrondie de la grosseur
d'un grain de millet, munie d'un petit tube ou
conduit séminal, qui s'insère au vagin. Elle peut
contenir, d'après M. Leuckart, vingt-cinq millions
de spermatozoïdes, et ce nombre énorme explique
comment une seule copulation assure la fécondité

complète de la mère pour toute sa vie, ordinairement de trois ans, parfois de cinq. Swammerdam
avait pris cette poche pour une glande sébifique
sécrétant la matière glutineuse qui colle l'œuf au
fond de l'alvéole. La spermathèque de la mère
vierge ne renferme qu'un liquide transparent.
Elle est au contraire remplie de filaments séminaux mobiles si la mère a été fécondée. La surface
de la spermathèque offre un tissu réticulé de vaisseaux aériens et de fibres musculaires, exerçant
une compression qui oblige le sperme contenu à
jaillir dans le vagin par le conduit de décharge,
conduit dont la surface présente aussi une série de
fibres musculaires annulaires, principalement à
son bout supérieur, où son diamètre en est aug-
menté. Près de son point d'attache avec la spermathèque sont insérées deux glandes appendi-
culées filamenteuses et bifurquées, entourant la
capsule sphéroïde de la spermathèque, et qui
probablement concourent à la conservation de la
vitalité, même pendant plusieurs années, des spermatozoïdes renfermés dans la capsule, leur donnent, en quelque sorte, la nourriture. Le sperme ne
sort de la spermathèque, qui l'a reçu lors du coït,
que lorsque la femelle veut féconder les œufs au
passage, et cette éjaculation a lieu par l'action des
muscles du conduit séminal, et probablement aussi
par les mouvements propres des spermatozoïdes.

Contre la base de l'aiguillon, qui est situé au-
dessus du vagin, s'adapte en outre au vagin un
long appendice en forme de chausse, à col effilé, sécrétant un fluide odorant et onctueux. D'après ce

que nous avons dit précédemment, c'est à tort que
de Siebold, qui a découvert cette glande, la croyait
destinée à produire l'enduit agglutinatif des œufs;
M. Leuckart suppose que c'est au contraire un organe annexe de l'aiguillon de l'Abeille femelle,

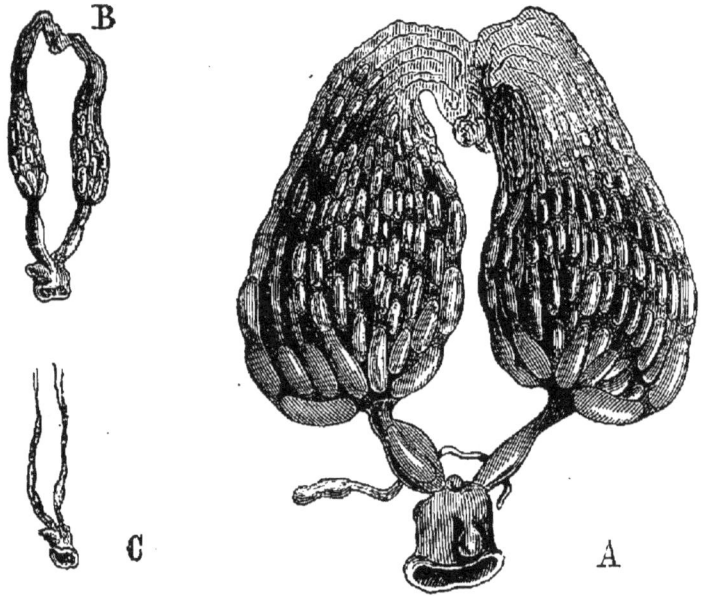

FIG. 12.

Légende : appareil génital femelle de l'Abeille. — A, femelle
féconde. — B, ouvrière fertile. — C, ouvrière ordinaire, inféconde.

sécrétant un fluide destiné à lubréfier les perçoirs
barbelés de l'aiguillon quand il est mis en mouvement. En effet, si on est piqué au visage par une
Abeille, on sent toujours une odeur particulière,
pareille à celle de cette sécrétion, ce qui porte à

croire que l'acte de la piqûre s'accompagne d'une plus forte effusion de ce fluide.

L'aiguillon semble servir dans la ponte de l'œuf en lui donnant sa direction quand il glisse sur sa surface courbe et concave. Il y a même des auteurs qui ont prétendu, sans pouvoir fournir de preuve suffisante, que l'œuf passe par l'aiguillon, jouant alors le rôle d'un véritable oviscapte. Cet aiguillon est droit chez l'ouvrière, qui d'ordinaire ne pond pas.

Les ouvrières sont toujours dans le genre *Apis* des femelles avortées. Chez elles, l'aiguillon qui n'a plus à diriger l'œuf reste droit et devient exclusivement une arme. Swammerdam et Réaumur n'avaient pas vu les ovaires, qui restent toujours très-petits. Leur section transversale est à peine plus large que celle des oviductes bilatéraux, et chacun n'a d'ordinaire que de deux à douze gaînes, sans œufs ni germes. Le vagin, souvent imperforé, est privé des poches latérales et incapable de recevoir l'organe mâle, même chez l'ouvrière pondeuse. A peine visible à l'œil nu, la spermathèque est rudimentaire et ne pouvant contenir le spermatophore. Sa cavité est presque entièrement oblitérée et les vestiges des appendices glandulaires sont insérés dans son bout légèrement bulbeux, tels qu'ils le sont dans le bulbe musculaire de la spermathèque chez la mère. Chez les ouvrières fertiles, les ovaires sont plus grands, et ont dans leurs gaînes irrégulièrement pleines, quelques œufs et germes seulement, bien moins nombreux que chez la mère, ce qui explique la faiblesse et la lenteur de la ponte.

La fécondation de la mère Abeille a donné lieu à diverses hypothèses avant que la vérité fût découverte. Swammerdam, n'ayant jamais vu l'accouplement, se persuada que celui-ci n'était pas nécessaire à la fécondation des œufs, et, ayant observé à certaines époques la forte odeur des mâles, il crut qu'elle n'était autre qu'une *aura seminalis*, opérant la fécondation en pénétrant subtilement dans le corps de la femelle. Comme il y a souvent quinze cents à deux mille mâles dans une ruche, il crut que ce grand nombre était nécessaire pour que l'émanation qu'ils répandent eût une intensité suffisante à la fécondation. Cette hypothèse fut complétement renversée par l'expérience d'Huber qui plaça tous les mâles d'une ruche dans une boîte percée de trous, permettant le passage des émanations mais non des organes génitaux, et vit la mère vierge rester inféconde. Réaumur supposait un accouplement, mais ne put réussir à l'obtenir en enfermant des mâles avec une femelle vierge dans la ruche, et Huber éprouva le même insuccès. De Braw, ayant cru voir des gouttes de matière spermatique répandues au fond de cellules où il y avait des œufs, annonça que les mâles des Abeilles fécondent les œufs pondus par la mère, hors du corps de celle-ci, à la façon des Batraciens et des Poissons. Huber s'assura de la non-existence de ces prétendues traces de liqueur fécondante, et, prenant des ruches où tous les mâles avaient été enlevés et munies d'orifices impropres à laisser passer les mâles du dehors, il vit que si la mère restait libre de sortir, elle revenait féconde et n'avait

pas besoin de la présence des mâles du dedans
pour que les œufs donnassent des larves.

C'est Moufet (1) qui avait avancé le premier que
l'Abeille mère est fécondée en dehors de la ruche,
opinion qui fut confirmée par Jonscha (Vienne,
1770), puis par François Huber (Genève, 1791). Ce
dernier, persuadé que la copulation doit avoir lieu
en l'air, se proposait de l'observer avec des faux-
bourdons et une mère vierge placés dans une
chambre élevée, mais ne réussit pas son expérience,
qui exige une liberté complète. On a depuis trouvé
les deux insectes tombés sur le sol pendant la copulation au haut des airs, et on a observé le renversement du pénis du mâle, qui ne peut s'effectuer
qu'avec les deux insectes libres en tous sens ; une
mère fut aperçue, et cela à diverses fois par des
observateurs, accrochée pendant quelques instants
par un faux-bourdon. Tous deux tombèrent sur la
terre et avaient à l'extrémité de l'abdomen un fluide
blanc comme du lait, et le bourdon qui expira au
bout de peu de temps montra, en le pressant, que
l'organe génital avait été arraché.

L'accouplement ne dure que quelques minutes,
le temps de déposer le spermatophore, et a lieu
au haut des airs. Très-probablement la femelle
place le mâle sur son dos, le retient avec ses
pattes, rapproche l'extrémité de son abdomen de
celle du mâle. Le pénis remplit toute la cavité du
vagin, puis est arraché, soit par un brusque
effort, soit par les mandibules de la femelle ; aussi,

(1) *Theatrum insectorum.* Londres, 1834.

souvent la femelle rentre à la ruche avec un petit
fil blanc pendu à l'orifice génital, et qui n'est que
l'extrémité postérieure du conduit éjaculatoire du
mâle. Ce pénis rapporté à la ruche par la femelle,
et parfaitement reconnu par F. Huber, est le signe
de la fécondation opérée ; les ouvrières le consta-
tent aussitôt, et dès lors la colonie satisfaite et certaine de son avenir est tout entière à l'ordre et au
travail. L'expulsion des parties génitales du mâle
restées dans le vagin et l'introduction des spermatozoïdes dans la spermathèque a lieu à l'aide de
muscles particuliers, dont l'action est encore
fort obscure, et aussi sans doute au moyen des
pattes.

Ce sont des observateurs américains qui ont mis
hors de doute les diverses circonstances de cette
copulation si difficile à découvrir (1). L'un d'eux
vit un groupe d'une centaine de faux-bourdons,
suivant une mère, à environ 10 mètres du sol, paraissant sous forme ovale plus ou moins allongée ou
sphéroïdale, se relevant ou descendant. Un autre
eut l'idée d'attacher à la mère un fil de soie très-
fin, qui lui permit de la suivre dans son vol, entourée d'une troupe nombreuse de faux-bourdons,
et rapportant à la ruche le pénis de celui qui avait
eu l'honneur mortel d'être son époux d'un instant.
M. Carey, dans le Massachussetts, fut témoin de
l'acte copulateur même. Une mère italienne ren-
trait à la ruche, lorsqu'à 1 mètre de distance

(1) Langstroth, *Copulation de l'Abeille mère* (*Apiculteur*,
6ᵉ année, 1861-1862, p. 79).

environ, un faux-bourdon vola très-rapidement
vers elle et lui jeta les pattes autour du corps ; ils
furent forcés tous deux de s'arrêter un peu de
temps et de se mettre en contact sur un long brin
d'herbe. Alors une sorte d'explosion se fit distinc-
tement entendre et ils se séparèrent. Le bourdon
tomba à terre mort et l'abdomen très-fortement
contracté. La mère, après avoir décrit quelques
circuits en l'air, rentra à la ruche avec les organes
génitaux du mâle adhérents à elle. Or, si un faux-
bourdon est pressé dans les doigts, son pénis est
expulsé avec un bruit semblable à celui d'un grain
de blé grillé. L'explosion entendue est produite
par le trop plein des ampoules aériennes internes,
dont la pression détermine l'expulsion du pénis.

En laissant de côté les cas exceptionnels, on peut
dire que la mère, issue d'une cellule royale normale ou artificielle, ne manifeste pas d'envie de
sortir de la ruche dans les six premiers jours de
sa vie, alors même que de nombreux faux-bourdons s'ébattent dans les airs. Quand les bourdons
ne sortent pas, par un temps froid et couvert ou
pluvieux, ou le matin et le soir, la jeune mère reste
également calme dans la ruche ; mais, de midi à
quatre heures, dans les mois de mai et juin pour
les environs de Paris, et par un beau temps, où de
nombreux faux-bourdons exécutent dans les airs
ces évolutions sonores qui leur ont valu leur nom,
la jeune mère, âgée de plus de six jours, s'agite,
se tourmente et cherche une issue, si on l'empêche
de sortir, ne rentrant au calme qu'après le retour
des bourdons. Le plus souvent elle est fécondée le

premier jour de sa sortie, si les mâles sont abon-
dants ; parfois elle est obligée de sortir à plusieurs
jours successifs de beau temps. Quand elle est re-
venue fécondée à la ruche, elle n'en sort plus que
pour l'essaimage, s'il se produit.

Outre la mère féconde, on trouve encore accidentellement dans les ruches de véritables ouvrières, bien observées pour la première fois par
Riem et indiquées déjà par Aristote, qui peuvent
pondre des œufs dans les cellules vides qu'elles
rencontrent. Huber s'est assuré de cette ponte
d'une manière incontestable, en marquant au
vermillon des ouvrières nées près d'une cellule
royale et les voyant entrer dans les cellules pour
y déposer des œufs.

Divers faits, que nous avons omis à dessein,
restaient inexplicables dans les expériences d'Huber, à propos des pontes alternatives de la mère,
tantôt d'œufs d'ouvrières ou de mères, tantôt
d'œufs de mâles, ceux-ci dans les grandes cellules,
quand la mère en rencontre à sa portée, et à défaut dans des petites cellules d'ouvrières. Une fort
importante découverte a été celle faite en 1845
par Dzierzon, curé de Carlsmark, en Silésie, et
qu'on admet sans contestation aujourd'hui, après
de nombreuses controverses entre les apiculteurs (1).

La parthénogenèse ou reproduction sans fécondation par des femelles vierges et parfaites, mu-

_____

(1) *Théorie apicole de Dzierzon* (*Apiculteur*, décembre 1869,
p. 86, et numéros suivants).

nies d'ovaires et de spermathèque, est un fait déjà
ancien en entomologie. Reconnu d'abord, dans la
première moitié du XVIIIe siècle, sur quelques femelles vierges du Ver à soie du mûrier, puis de quelques autres Bombyciens, qui donnent des œufs
féconds produisant les deux sexes, on observa beaucoup plus tard une parthénogenèse incomplète chez
les Psychides (Lépidoptères), certains Cynipiens
(Hyménoptères), et probablement certains Cocciens (Hémiptères). Les femelles vierges pondent
des œufs d'où naissent exclusivement des femelles
qui sont la forme la moins parfaite de l'espèce dans
ces insectes, et cela pendant plusieurs générations.
L'inverse a lieu pour la femelle féconde et complète du genre *Apis*. L'œuf parvenu à maturité
dans l'ovaire se trouve déjà assez vitalisé pour
donner naissance au sexe mâle. Il exige le concours de spermatozoïdes mâles pour produire la
forme femelle, expression la plus parfaite de l'espèce chez les Hyménoptères. La reine, fécondée
dans les airs comme nous l'avons dit, pond, à sa
volonté et suivant les besoins de la colonie, des
œufs de femelles (mère ou ouvrière), ou des œufs
de faux-bourdons, pouvant, par l'action des muscles spéciaux de la spermathèque, laisser sortir le
sperme sur l'œuf, ou, au contraire, le retenir.
C'est ainsi que s'explique ce fait contradictoire de
reines fécondées normalement au dehors et produisant la ponte régulière des deux sexes, et de
reines à ailes atrophiées en naissant, inaptes à
sortir de la ruche, et cependant capables de pondre. Elles ne produisent jamais que des œufs de

mâles dans toutes les cellules; les ouvrières sont obligées d'allonger les cellules de neutres au moyen d'un couvercle plus bombé que d'habitude, pour loger ces larves mâles plus grosses auxquelles elles n'étaient pas destinées, et de là des cellules bosselées, irrégulières; la population mâle et inutile de la ruche ne tarde pas à augmenter outre mesure. On donne le nom de *mères bourdonneuses* à ces femelles qui ne pondent que des œufs de mâles. Tantôt ce sont des mères vierges qui n'ont pu sortir en temps utile, ou qui sont nées trop tôt ou trop tard, alors qu'il n'y a pas de faux-bourdons au dehors, ou bien des mères blessées à l'abdomen, ou enfin de vieilles reines épuisées. Elles donnent de plus en plus d'œufs de mâles, ne pondent plus des œufs de reines ou de neutres que pendant des durées de plus en plus courtes et à des intervalles de plus en plus éloignés, et enfin, près de leur mort, ne font plus que des œufs de mâles. Cela s'explique par la disparition des filaments séminaux de la spermathèque, ou par la paralysie des muscles du col de celle-ci. Une jeune mère était née en septembre, chez M. de Berlepsch, après la mort de tous les mâles, et, au mois de mars de l'année suivante, elle avait rempli quinze cents cellules uniquement de larves mâles. Remise à M. Leuckart, elle fut trouvée avec la spermathèque vide de tout spermatozoïde et ne contenant qu'un liquide clair, produit des glandes accessoires. Dans un autre exemple rapporté par M. de Berlepsch, une mère de l'année précédente n'avait pu être fécon-

dée, vu l'imperfection de ses ailes. La ruche où
elle était ne contenait, à l'état adulte, de nymphes, de larves, d'œufs, que des faux-bourdons,
au nombre de deux mille six cent cinquante-cinq,
répartis également et avec une grande régularité
dans les cellules d'ouvrières et de mâles. A la dissection on trouva les ovaires bien développés et
chargés d'œufs, mais la spermathèque tout à fait
rudimentaire. En général, les mères non fécondées ne pondent pas, mais, quand elles pondent,
ce sont exclusivement des œufs de mâles.

M. Leuckart a observé le premier en 1855
l'exemple authentique de reine arrénotoque (1) et
distingue très-bien les deux cas possibles. Chez les
reines arrénotoques dès le principe la vésicule co-
pulative est toujours vide ; si la ponte des œufs de
mâles survient après une ponte régulière d'œufs
normaux, on peut trouver encore quelques filaments spermatiques roulés en boule dans la spermathèque. L'arrénotokie doit être considérée ici
comme relative, et dépendre plutôt du peu de
chance qu'ont les spermatozoïdes de rencontrer
les œufs que d'une impossibilité absolue. Enfin
parfois la spermathèque est pleine et dans son
état normal, mais il y a probablement dans ce cas
quelque altération ou lésion du dernier ganglion
nerveux, qui préside à la vie de la spermathèque

(1) *Bienenzeitung*, nº 11, 15 juin 1855. — R. Leuckart, *Sur
l'arrénotokie* (a) *et la parthénogénèse des Abeilles et des autres
Hyménoptères qui vivent en société* (*Bull. Acad. royale de Belgique.* Bruxelles, 1857, t. III, p. 200-204).

(a) ἀῤῥενοτοκέω enfanter des mâles.

et des parties annexes. Ainsi M. Dönhoff, à Orzog, a rendu une reine arrénotoque, en comprimant le dernier segment abdominal avec une pince ; en outre cette reine montrait un trouble dans la ponte des œufs, lié à quelque lésion du système nerveux.

Dans l'arrénotokie des ouvrières fertiles, la spermathèque reste toujours très-rudimentaire, comme chez les neutres ordinaires. Le développement des œufs qui s'observe dans les tubes de l'ovaire chez quelques neutres, lesquels tubes sont ordinairement vides, est encore un point obscur, mais qui probablement est en rapport avec la nourriture. M. le docteur Dönhoff, ayant nourri des neutres ordinaires avec du miel et de l'albumen, a vu les tubes ovariques se développer comme chez les neutres arrénotoques, sans que toutefois les germes arrivassent à leur maturité (1). Ces neutres arrénotoques, rares dans l'*Apis mellifica*, paraissent être au contraire un cas général chez d'autres Hyménoptères sociaux, les Bourdons, les Guêpes et probablement les Fourmis.

L'introduction de l'*A. ligustica* en Silésie, en 1853, permit à Dzerzon de donner des preuves indiscutables de la parthénogénèse pour les mâles. Dans les croisements des deux races on observa que la mère jaune (*ligustica*) unie à un père noir (*mellifica*) donne des reines et des ouvrières hybrides, mais des mâles constamment italiens purs. Si au contraire on croise une reine noire et un mâle jaune, les reines et les ouvrières sont encore

_____

(1) *Bienenzeitung*, 1857, n° 1, 5 janvier.

hybrides, à couleurs mixtes, mais les mâles constamment allemands purs ou noirs. Les mêmes faits s'observent moins saillants si on expérimente sur des hybrides, et enfin dans le croisement de l'Abeille égyptienne (*A. fasciata*) avec les *A. mellifica* ou *ligustica*. On voit donc que le père ne fournit jamais rien, dans ces croisements, à la progéniture mâle ; elle reste véritablement sans père provenant de la femelle seule.

La preuve anatomique de ces faits résulte de l'examen des œufs par MM. Leuckart et de Siebold (1). On observa, soit sur le gros pôle où se trouve le micropyle, soit à l'intérieur de l'œuf, en le crevant par le petit bout, que le plus grand nombre des œufs de femelles présentent des spermatozoïdes près du micropyle, et que les œufs des mâles n'en offrent jamais.

Les ouvrières fertiles sont toujours bourdonneuses. Impropres au coït, elles pondent exclusivement des œufs de mâles. Leur présence unique, comme celle des mères vierges ou vieillies, doit donc amener au bout de quelque temps la colonie à sa perte, les ouvrières ne se renouvelant pas.

Tous ces faits ont été vérifiés avec soin en France par les expériences de M. Huillon (2).

---

(1) T. de Siebold, *Parthénogenèse chez les Insectes* (*Ann. sc. natur.*, 4ᵉ série, 1856, t. VI, p. 193).

(2) Journal l'*Apiculteur*, recherches apicoles, t. VI, 1861-1862, p. 363, et t. VII, 1862-1865, p. 23, 37, 85, 116.

Nous devons encore citer, à l'étranger : Dʳ A. Gerstäcker, *Sur les espèces voisines de l'Abeille, confirmation de la parthénogenèse de l'Abeille* (*Archiv für Anatom. physiol.*, etc., *von Reichert und du Bois-Reymond*, t. VIII, p. 762. Leipzig, 1866).

CHAPITRE V

La mère ou l'ouvrière fertile (celle-ci irrégulièrement) pond en parcourant une à une les cellules
vides des gâteaux, et, d'ordinaire, des œufs de sexe
approprié à la grandeur de la cellule. Cramponnée
sur le bord de l'alvéole, après avoir regardé à l'intérieur, elle y enfonce son abdomen et y plante un
œuf dressé, d'un blanc de perle un peu bleuâtre,
le pôle à micropyle, qui est le plus gros à la partie
supérieure, l'autre bout adhérant par sa colle naturelle au fond de la cellule.

Il n'y a qu'un micropyle dans l'œuf de l'Abeille,
comme dans celui de la plupart des insectes; c'est
un petit trou entouré d'un dessin en rosace qui se
perce au centre d'une dépression circulaire produite par l'insertion au pôle de l'œuf du funicule
d'attache, duquel l'œuf, à maturité suffisante, se
détache.

Quelquefois, trop pressée, la mère pond deux
ou trois œufs dans la même cellule; mais des ouvrières, qui la suivent et semblent la surveiller, ont
soin de ne laisser qu'un œuf par cellule et de détruire les autres.

Généralement la mère commence à pondre environ deux jours après sa fécondation, mais quelquefois ce n'est que dix à quinze jours après. On peut dire que la ponte est proportionnelle à la population de la ruche, et que la fertilité d'une mère bien portante ne fait jamais défaut aux ouvrières. Il faut ajouter que la température a aussi son influence ; à mesure qu'elle augmente, les Abeilles s'écartent ; beaucoup sortent pour récolter, ce qui donne plus d'espace à la mère, et par suite augmente sa ponte.

La ponte se ralentit beaucoup quand les fleurs manquent en juillet et août ; mais il suffit pour la ranimer de donner de la nourriture à la colonie.

Les mères pondent abondamment dans les trois premières années de leur vie, que souvent elles ne dépassent pas ; peu dans la quatrième année ; à peine dans la cinquième, qui est le terme extrême de leur existence.

La ponte une fois commencée, la mère la continue pendant toute la belle saison, à moins que la sécheresse ou une trop grande humidité ne s'oppose à la formation du miel dans les fleurs. Elle est presque toujours interrompue dans le milieu d'octobre, quelquefois au mois de septembre dans nos contrées, s'il n'y a pas de fleurs d'automne (sarrazin, bruyère, aster, etc.). Elle reprend d'ordinaire à la fin de janvier. L'existence de couvain en janvier, peu abondant il est vrai, est un fait certain. La grande ponte recommence au printemps, au retour des fleurs. Alors la mère, qui d'ordinaire n'a pondu que des milliers d'œufs d'ouvrières dans les dix premiers mois de son existence, commence

le ponte des œufs de mâles, pour reprendre, par
intervalle, celle des ouvrières. Tout cela est affaire
de population.

Quelques apiculteurs ont supposé que c'est la
vue de la cellule où elle pond qui détermine chez
la reine la volonté, forcée par la cellule, de pondre
un œuf mâle ou un œuf femelle. Cela n'est pas
exact; les pontes de l'un et de l'autre sexe ont
lieu à des époques déterminées par des influences
extérieures, et, si elles se font ordinairement dans
des cellules appropriées à l'avance, cela n'est pas
indispensable. L'Abeille mère pond ses œufs, soit
de mâles, soit de femelles, dans des cellules opposées à celles de ces sexes, si on lui donne un gâteau qui n'en a pas d'autres.

C'est quand la population est forte que les mâles
deviennent nécessaires, afin de fournir des reproducteurs aux mères nouvelles et d'accompagner
les essaims. Une jeune mère, à qui l'on donne
tout à coup une grande colonie, fournit une génération masculine tout comme une mère de seconde
année. Les fleurs et une grande abondance d'ouvrières sont les deux conditions nécessaires pour
élever des faux-bourdons.

C'est pendant la ponte des œufs de bourdons
que les ouvrières s'occupent de la construction
d'un petit nombre de cellules maternelles naturelles. L'Abeille mère, en cheminant sur les
gâteaux, pond à peine chaque jour dans deux
cellules maternelles, et, souvent même, laisse un
intervalle de deux à trois jours sans y pondre.
Cette construction n'est pas d'une nécessité abso-

lue. Si la ruchée est faible ou si la température
n'est pas favorable, les ouvrières ne construisent
pas de cellules royales, parce qu'il n'y a pas lieu
de fournir une colonie au dehors. Au contraire
une ruche très-peuplée a de dix à trente alvéoles
maternels renfermant des mères de tout âge, en
œufs, en vers, en nymphes, de telle sorte que les
naissances des mères sont successives et pourront
donner lieu à plusieurs essaims.

Le nombre total des œufs que peut pondre une
mère fécondée est assez variable. Dzierzon admet
qu'une mère vigoureuse, dans une ruche bien
peuplée et par un temps favorable, peut pondre
3000 œufs par jour ou 60000 en moyenne en
un mois, 250000 à 300000 dans l'année, ou au
moins 1 million dans les quatre à cinq ans de son
existence; il y a, il est vrai, de ces œufs qui ne
parviennent pas à leur entier développement,
parce que les ouvrières détruisent quelquefois le
couvain, lorsque la nourriture fait défaut ou que
la température n'est pas propice.

En Amérique on a observé, pendant vingt et
un jours consécutifs, 3521 œufs par jour en
moyenne; c'est l'exemple connu de la plus forte
ponte. D'autres observateurs, ainsi de Berlepsch
et Baldridge, donnent des nombres beaucoup
moindres et n'admettent, dans les plus grandes
ruches et aux meilleures époques, qu'une ponte
d'environ 1200 œufs par jour.

L'œuf pondu dans l'alvéole par la mère ou par
l'ouvrière bourdonneuse reste debout le premier
jour; mais, le jour suivant, il s'incline vers la

base de la cellule et passe en position horizontale le deuxième et le troisième jour. Ces trois jours d'existence à l'état d'œuf sont les mêmes pour la mère, l'ouvrière et le faux-bourdon.

On a prétendu que les Abeilles couvaient les œufs en se posant sur les cellules à œufs, à la façon des oiseaux dans leur nid, mais l'expérience n'a pas vérifié cette hypothèse; l'incubation est due à la chaleur générale de la ruche, qui est grande lors des mouvements continuels des ouvrières occupées dans l'intérieur à leurs fonctions de nourrices et d'architectes. Le chorion de l'œuf éclate le quatrième jour, et il en sort une larve apode, à treize segments, qui se courbe et se dresse alternativement pour rejeter les enveloppes de l'œuf. Elle gît d'abord au fond de la cellule, repliée sur elle-même en demi-anneau, puis en cercle complet. Aussitôt les larves écloses, les ouvrières leur apportent une bouillie composée de miel, de pollen et d'eau, ces substances modifiées par des sécrétions du tube digestif.

Cette bouillie, blanche et d'abord insipide, est donnée à la larve, de manière à l'entourer et à se placer sous elle, de sorte que cette larve prend sa pâture par les plus faibles mouvements. Elle est assimilée d'une manière si complète que la larve ne fait pas d'excréments dans sa cellule. La nature de la bouillie change à mesure que le développement de la larve augmente; elle prend peu à peu un goût de miel, et, à la fin, c'est une gelée transparente et sucrée.

Ces larves sont ovalaires, molles, d'un blanc

un peu jaunâtre ou grisâtre, la tête à peine plus
colorée que le reste, ne portant que deux points
oculiformes. Les anneaux sont renflés, mais non
boursouflés, car la larve n'a besoin de faire aucun
mouvement de reptation. Elle est munie de neuf
paires de stigmates, sans péritrème bien sensible,
le long des deux grandes trachées latérales ; ses
trachées sont tubuleuses, sans réservoirs aériens.
Les ganglions nerveux sont isolés, l'estomac ou
intestin moyen très-long et diminuant peu à peu,
l'intestin terminal très-court. Par un fait très-
curieux, l'embryon de ces larves d'Abeilles présente des rudiments d'appendices thoraciques
avant l'éclosion. Les partisans de certaines doc-
trines seraient tentés de croire à un atavisme d'an-
cêtres à larves hexapodes. M. Balbiani fait remarquer combien ces imaginations sont suspectes, car
il a trouvé que la larve de la Puce offre dans l'œuf
des rudiments d'appendices thoraciques qui disparaissent ensuite. Or cette larve, bien qu'apode
comme celle de l'Abeille, en diffère tout à fait en
ce qu'elle se déplace vivement avec ses crochets
cutanés et rampe au loin. On ne peut donc trouver
aucune raison valable pour la disparition de pattes
qui auraient cependant leur utilité. L'obéissance
à la loi d'unité de composition organique d'E.
Geoffroy Saint-Hilaire peut seule être invoquée.

Quand les larves, qui ont subi plusieurs mues,
sont parvenues à leur terme, les nourrices cessent
de leur apporter de la bouillie et ferment les cellules par un opercule de cire, légèrement bombé
pour les larves d'ouvrières, très-bombé pour les

faux-bourdons, en cloche guillochée pour les larves de mères. Au contraire l'opercule des cellules
à miel est tout à fait plat. La larve reste toujours
libre dans sa cellule même operculée; elle s'y
allonge et se meut en spirale, et enduit les parois,
en commençant par la calotte et les parois supérieures, d'un liquide gommeux et blanchâtre qui
se sèche vite et forme un cocon en pellicule lus-
trée. C'est une soie qui sort par la filière buccale,
sécrétée par les deux glandes salivaires; chez la
larve de la mère, le cocon n'enveloppe que la
moitié antérieure du corps de la larve, qui est
comme sous cloche, l'abdomen hors du demi-
cocon. Cette disposition permet à la mère rivale
éclose, ou parfois aux ouvrières, de tuer à coups
d'aiguillon la larve maternelle (fig. 13).

Les coques nymphales sont bien plus épaisses
dans le fond que sur les bords; il s'ensuit que
chaque fois que la mère pond dans une nouvelle
cellule, les ouvrières sont obligées de l'allonger
d'une quantité égale à l'épaisseur du fond de la
coque; en conséquence de ces allongements successifs des cellules, le rayon ne peut plus servir
quand deux rayons en vis-à-vis ne laissent plus
passage entre eux pour une Abeille.

Après vingt-quatre (mère) à trente-six heures
(ouvrière) employées à filer le cocon, la larve se
repose deux ou trois jours, puis se change peu à
peu en nymphe. Les pièces buccales se forment,
la tête, d'abord enfoncée dans le thorax, s'en sépare peu à peu, et la distinction entre le thorax et
l'abdomen s'accentue. Puis les antennes, la trompe,

les pattes apparaissent, et les ailes, d'abord à
peine visibles, reposant sur le thorax dans la direction de la première paire de pattes. Les yeux

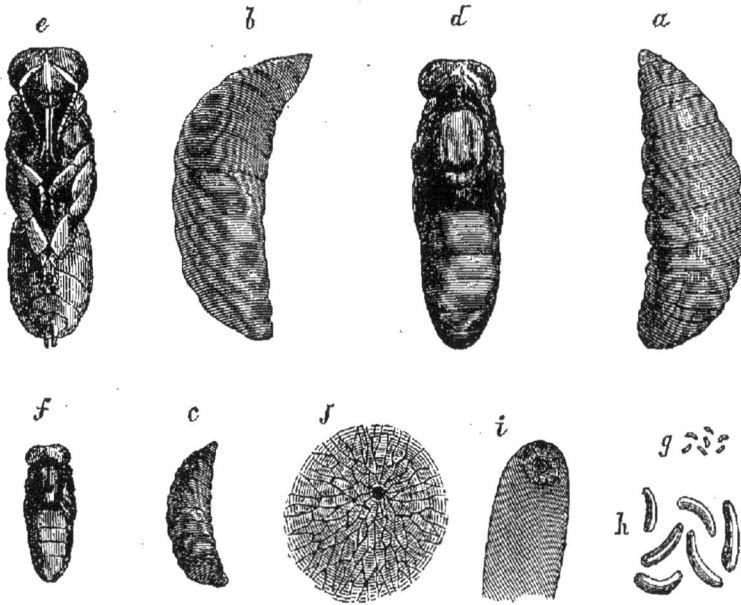

FIG. 13.

Légende : a et b, larves grossies, en dessous et en dessus. —
c, cette dernière de grandeur naturelle. — d et e, nymphes grossies, en dessus et en dessous. — f, nymphe en dessus, de grandeur naturelle. — g, œufs, grandeur naturelle. — h, œufs vus à
la loupe. — i, œuf grossi montrant le pôle à micropyle. — j, micropyle très-amplifié.

composés prennent naissance, d'abord blancs, puis
noircissant en premier de tous les organes, comme
l'a vu Swammerdam. En même temps, à l'intérieur,
les ganglions nerveux se concentrent, les am-

7.

poules aériennes se forment, par destruction du fil
spiral des trachées, sur certains points. L'abdomen acquiert sa forme et porte, chez l'ouvrière et
la mère, un aiguillon, d'abord externe. Puis le
corps, à l'origine d'un blanc grisâtre, commence
à se colorer peu à peu; la région anale rentre
dans les segments précédents, de sorte que l'aiguillon devient interne. Au dernier moment,
l'insecte dépouille la pellicule très-mince qui em-
maillottait les organes de la nymphe, et, avec ses
pattes, la roule en pelote de la grosseur d'une tête
d'épingle, refoulée au fond de la cellule. Enfin la
jeune Abeille ronge, avec ses mandibules, le couvercle de cire qui la retenait captive, et sort, agitant doucement ses pattes et ses ailes, pour donner à ces dernières, comprimées dans la cellule,
la position convenable. Souvent les ouvrières l'ai-
dent, la brossent et l'essuient, et presque dès sa
sortie de la cellule, elle commence la vie exem-
plaire de travail qui lui a été tracée par le Créa-
teur. On distingue facilement les jeunes Abeilles
à la teinte grisâtre de leurs poils; elles ne quittent
pas immédiatement la ruche pour aller butiner le
miel et le pollen, et ne sont réellement utiles pour
la grande récolte qu'une quinzaine de jours après.
Elles sont employées d'abord et principalement à
nourrir le couvain.

La durée des phases évolutives n'est pas la même
pour les diverses formes de l'Abeille. C'est la mère
qui demande le moins de temps, cinq jours en
larve nourrie, un jour pour le cocon, deux à trois
jours de repos, quatre jours environ en nymphe,

en tout, avec les trois jours d'œuf, quinze jours et demi à seize jours pour arriver à l'état parfait. L'ouvrière emploie douze heures de plus à la filature et environ aussi au repos, puis reste sept à huit jours en nymphe, en tout avec l'œuf vingt jours et parfois vingt et un. Le mâle ne sort à l'état ailé que le vingt-quatrième jour à dater de la ponte de l'œuf, étant resté six jours environ sous la forme de larve nourrie, et à peu près trois jours à faire le cocon (1).

Un fait extrêmement curieux dans l'histoire des Abeilles est celui de l'influence d'une nourriture spéciale sur le développement des ovaires et des organes génitaux femelles. La bouillie que les ouvrières fournissent aux larves de mères dans les cellules maternelles naturelles, surtout dans les trois jours qui précèdent la clôture de la cellule, n'est pas la même que celle apportée aux larves d'ouvrières et de bourdons. Elle a un goût moins fade, un peu aigrelet, ne contient qu'un peu de cire et de sucre, et au moins les neuf dixièmes d'albumine et de fibrine azotées. En outre, cette gelée très-nutritive qu'on a appelée *royale* ou *prolifique*, au lieu d'être mesurée d'une façon stricte et exacte comme pour les autres larves, est prodi-

(1) On pourra consulter sur ce sujet, parmi des travaux étrangers peu connus en France : J.-G. Derboroug, *On the Duration of like in the Queen, Drone and Worker of the Honey-Bee, to which are added Observations*, etc. (*Trans. Soc. entomol. of London*, 1852-1853, t. II, p. 145), et, du même auteur, *Observations of the Duration of life in the Honey-Bee* (*Trans. Soc. entom. of Lond.*, 1868, t. VI, p. 225). Ce sont des études sur la durée de la ressemblance des trois formes de l'Abeille et la durée de sa vie.

guée en profusion à la larve de mère, de sorte qu'il en reste un excès dans l'alvéole lorsque la larve file son cocon.

D'après de Berlepsch la bouillie est 'la même pour toutes les larves dans les trois premiers jours; puis celles des ouvrières et des mâles ne reçoivent plus que du miel et du pollen en nature, tandis que les larves des mères futures continuent à être alimentées d'une bouillie plus nutritive, déjà digérée en partie par l'ouvrière nourrice.

Certains auteurs pensent que dans la gelée royale entrent des œufs mangés par les ouvrières, car on voit disparaître des œufs à ce moment de l'éducation, et surtout de celle des mères artificielles. L'apiculteur américain Adaïr prétend avoir constaté que, quand la mère n'a plus de place pour pondre, et les ouvrières pour emmagasiner, un trouble se produit dans la ruche; alors la mère ne pouvant retenir ses œufs les laisse tomber là où elle se trouve. Il a vu une cellule maternelle artificielle construite sur un œuf tombé sur le plateau de la ruche.

Les merveilleuses propriétés de la gelée prolifique sont surtout évidentes dans la production des mères artificielles. Quand une ruche perd par accident sa mère féconde, et que les ouvrières ne voient pas de mère prête à éclore, elles prennent la résolution de transformer une ouvrière en mère de sauveté, comme l'a découvert Schirach (1), en

_____

(1) A.-G. Schirach, *Hist. natur. de la reine des Abeilles, avec l'art de former des essaims* (trad. de l'allemand par J.-J. Blassière). La Haye, 1771, et nouv. édit., Amsterdam, 1787.

faisant cesser l'atrophie de ses organes reproducteurs. A cet effet, une larve d'ouvrière étant choisie, elles sacrifient trois des alvéoles qui entourent celle contenant le ver préféré, et retirent de
celles-ci les larves et la bouillie. Elles élèvent tout
autour de lui une cloison de cire cylindrique, de
manière à le placer dans un vaste tube à fond
rhomboïdal, situé dans un gâteau.

Dans les deux derniers jours des cinq de la vie
de larve nourrie, les ouvrières allongent la cellule, en y soudant à angle droit et vers le bas une
pyramide de cire empruntée aux cellules de dessous. La larve tourne sans cesse en spirale pour
saisir la bouillie prolifique que les ouvrières lui
fournissent en abondance, et dont elles font une
sorte de cordon autour de son corps; une Abeille
a toujours sa tête dans la cellule, occupée à alimen-
ter le ver qui doit devenir une mère nouvelle.
Puis la cellule de sauveté, sans cesse prolongée à
mesure que la larve grandit, est clôturée à la cire.
La première mère éclose cherche aussitôt à tuer ses
rivales à mesure de leur sortie. Si l'on est en temps
d'essaimage, les ouvrières ne laissent sortir qu'une
seule mère de sauveté, et retiennent les autres
prisonnières, en renforçant leur berceau de cire,
ne leur laissant prendre la liberté qu'au moment
d'un nouvel essaimage.

Huber admet que c'est encore à l'influence de
la gelée prolifique que sont dues les ouvrières fertiles ou *petites reines.* Ce sont elles qui produisent
le couvain de Bourdon qu'on voit souvent en août,
dans les ruchées qui ont perdu leur mère à la

suite de l'essaimage. D'après Huber, elles naissent le plus souvent des cellules placées dans le voisinage des cellules maternelles, soit naturelles, soit artificielles ou de sauveté, et on peut supposer que la bouillie dont leurs larves ont été nourries se trouve mêlée de quelques portions de gelée maternelle. Les Abeilles, qui portent cette nourriture spéciale aux grandes cellules de mère, s'arrêtent toujours plus ou moins en passant sur les cellules voisines, et y laissent tomber un peu de la précieuse substance. Je dois dire que cette hypothèse ingénieuse, qui est en rapport avec ce qu'a observé M. Dönhoff, n'est aucunement démontrée. On voit naître, en effet, des ouvrières fertiles dans les ruches qui ont perdu leur mère, et où on a eu la précaution d'enlever tous les alvéoles maternels, par conséquent où manque la bouillie royale.

Rien de plus obscur encore que la production de ces petites reines qui semblent tout à fait inutiles, puisque, si elles restent seules avec leur couvain exclusif de faux-bourdons, la ruine de la colonie est infaillible.

Les ouvrières et les mâles sont bien loin d'avoir une existence aussi longue que celle que possède normalement la mère féconde. Les ouvrières sont exposées à de continuels dangers. Beaucoup déchirent leurs ailes dans leurs fréquents voyages, et ne peuvent plus regagner la ruche, avec leur charge de miel et de pollen. Les oiseaux, les insectes carnassiers, les coups de vent, les averses, sont des causes continuelles de mort. En été, les ouvrières

ne vivent que six semaines environ ; la colonie
renouvelle deux à trois fois sa population dans la
belle saison, avec un couvain d'ouvrières qui se
reproduit par périodes de vingt à vingt et un
jours ; en hiver, les ouvrières durent plus longtemps, à peu près toute la mauvaise saison, si on
donne au printemps une mère italienne jaune à une
ruche noire, elle n'a plus en été que des Abeilles
italiennes ; si on la lui donne en automne, au contraire, il y a encore beaucoup d'Abeilles noires au
printemps.

La vie des faux-bourdons est habituellement de
deux à trois mois, en raison d'une circonstance
fonctionnelle dont nous parlerons. Les faux-bourdons ne travaillent pas et ne font aucunement
l'office de couveurs comme on l'avait prétendu
autrefois. Ils s'établissent dans la ruche, non sur
le couvain central, mais sur les gâteaux latéraux et
dans les magasins à miel du fond ; ils ne savent
que dormir et manger, et on dit que parfois les
ouvrières leur donnent du miel. La vie des
faux-bourdons est parfaitement résumée dans
cette phrase de Kirby : *Mares ignarum pecus,
incuriosi apricantur diebus serenis, gulæ de-
diti.*

Dans les fortes ruchées il naît de deux à trois
mille bourdons, d'avril à juillet, et cette exubé-
rance est une précaution naturelle pour assurer la
fécondation des mères de la ruche et de ses essaims
possibles. Les faux-bourdons sont plus légers en
rentrant à la ruche que quand ils en sortent, car
ils se sont vidés de leurs excréments. Ils volent au

dehors par les beaux temps, en général, de une heure à trois, et se hâtent de rentrer dès que l'air fraîchit.

Quand toute tendance à l'essaimage et à la fécondation de nouvelles mères a cessé, une sorte de fureur semble s'emparer des ouvrières contre ces êtres gourmands et désormais inutiles. Les faux-bourdons sont chassés des rayons et se rassemblent en tas sur le plancher et à la porte. La plupart, dispersés au loin, périssent de faim et de fatigue, ou par le fait d'ouvrières qui, obéissant à une consigne de meurtre, se laissent emporter par eux dans les airs, cramponnées sur leur dos et les perçant de l'aiguillon empoisonné.

Dans les ruches désorganisées où il ne reste qu'une mère bourdonneuse ou des ouvrières fertiles, et qui n'élèvent que du convain de mâles, les faux-bourdons ne sont pas inquiétés; cependant ils ne paraissent guère dépasser le mois de septembre par mort naturelle.

L'expulsion et la tuerie des faux bourdons dépendent beaucoup de l'abondance des provisions de la colonie. Ils sont chassés en mai ou en juin, si les ouvrières ne trouvent pas de pâture suffisante, et la guerre est acharnée si le miel manque entièrement. Il arrive parfois qu'ils sont proscrits, puis réadmis : c'est l'abondance qui a succédé à la pénurie. On trouve souvent des faux-bourdons en petit nombre, jusqu'à l'arrière-saison, dans des ruches bien peuplées et bien nourries, et même quelques-uns au printemps, ayant passé l'hiver;

les ouvrières semblent se comporter alors comme
le riche bien repu qui tolère à sa table un insigni-
fiant parasite. Sous le climat de Paris, c'est en général dans le courant de juillet que disparaissent
les faux-bourdons.

CHAPITRE VI

Notions diverses sur la physiologie et la biologie des Abeilles.

Les ailes des Abeilles ont, selon de Gélieu, un double mouvement : celui des grandes ailes, de haut en bas, soutient l'insecte en l'air et le fait avancer ; le second mouvement, celui des petites ailes, qui battent l'air qui est derrière, le fait avancer encore plus efficacement et peut aussi le faire reculer, suivant que l'effort pour frapper l'air se fait en avant ou en arrière. Il arrive souvent que les ouvrières ou les faux-bourdons ont les deux paires d'ailes accrochées et réunies, la partie extérieure des petites ailes étant comme collée à la partie intérieure des grandes. On n'entend plus alors de bourdonnement alaire marqué, parce que les petites ailes retenues n'ont plus le mouvement de frissonnement des grandes ailes battant l'air de haut en bas. Il faut bien remarquer que les nervures de l'aile ne sont pas dans le même plan, mais offrent une sorte de disposition spirale à la racine de l'aile, la nervure antérieure occupant une position plus élevée que celle qui est plus en arrière, comme les feuillets d'un livre. De là l'aile se présente comme tordue sur elle-même, offrant un certain degré de convexité sur la surface supérieure et une concavité correspondante à la surface inférieure, le bord libre fournissant les courbes en 8 qui agissent avec tant d'efficacité sur l'air pour obtenir le maximum de soutien avec le minimum de glissement (1).

J'ai cherché à me rendre compte de l'importance de la seconde paire d'ailes des Abeilles, en voyant ce qui résulte de son ablation, sans arrachement, avec de fins ciseaux. Cette petite expérience est moins aisée qu'on ne croirait au premier abord, car si on tient les Abeilles serrées au thorax avec une pince, pendant que l'on coupe les ailes postérieures, il est difficile de ne pas les blesser et les empêcher par là de voler. Il faut prendre plusieurs insectes à la fois et les immobiliser pour quelques instants au moyen du flacon à cyanure de potassium ; on fait alors l'ablation des ailes inférieures sans toucher les corps. J'ai vu, après le réveil, les Abeilles intactes voler aussi bien qu'avant l'anesthésie, les autres faire tous leurs efforts pour s'envoler et ne parvenir qu'à voleter à quelques centimètres.

Cependant, il y en a qui volent plus loin, mais

---

(1) A consulter, pour le vol des Abeilles et des autres insectes : J. Bell Pettigrew, *On the mechanical appliances by which Flight in atteined in the animal Kingdom* (*Trans. of the Linn. Soc. of London*, 1870, t. XXVI, p. 107 et suiv.; — *Of the physiology of wings being an Analysis of the movements by which Flight is produced in the Insect, Bat and Bird* (*Trans. roy. Soc. of Edinburgh*, t. XXXI, p. 321 à 448, pl. XI à XVI; — *La locomotion chez les animaux*, p. 195 et 237. Paris, 1874 (*Biblioth. scient. internat.*, Germer Baillière ; traduction française comprenant les deux mémoires précédents).

surtout en descendant. Les ailes inférieures des Abeilles sont surtout utiles pour la direction du vol, et, peut-être, leur importance est liée à l'existence du lobe basal, qui élargit leur surface. Elles semblent moins utiles chez les Bourdons, les Guêpes, les Polistes, où elles sont comparativement plus étroites que chez les Abeilles, par absence du lobe basal. Aussi ces derniers insectes, surtout au soleil, volent bien et en montant après l'ablation des ailes inférieures. On peut dire que chez eux elles servent seulement à la direction du vol et peu ou pas à la translation. En effet, ces ailes coupées, ils volent bien, mais se dirigent mal.

Le vol par les deux paires d'ailes paraît pouvoir porter ordinairement les Abeilles jusqu'à 3 kilomètres de leur habitation, bien que souvent les distances parcourues soient moindres. Il faut transporter l'apier ou réunion des ruches dans le voisinage des fleurs mellifères, afin d'épargner aux insectes de trop longs vols qui les fatiguent et ne donnent pas assez de profit, trop de temps étant perdu en allées et retours. C'est ainsi qu'au Gâtinais on porte en automne les ruches dans les bois, afin que les insectes fassent à la bruyère les provisions nécessaires pour l'hiver, après qu'on leur a enlevé une partie de leur miel. Certains apiculteurs mettent les ruches sur un bateau, qui les transporte de place en place près des cantons à fleurs.

Si on ne met des ruches qu'à 2 kilomètres de l'ancienne place, quelques Abeilles y reviennent,

ce qu'elles ne font pas pour une distance double.
Deux apiers, éloignés l'un de l'autre de 1 à 2 kilomètres seulement, fournissent quelquefois des récoltes très-différentes, suivant les fleurs qui se
trouvent le plus à portée de l'un ou de l'autre, ce
qui montre que celles placées au delà de 2 à 3 kilomètres ne servent pas à la pâture des Abeilles.
On assure toutefois que, lors d'une pénurie locale, les Abeilles peuvent aller butiner jusqu'à 5
et même 7 kilomètres; mais on comprend que
cette récolte trop lointaine est peu profitable.

Les apiculteurs sont loin d'être d'accord entre
eux sur l'étendue du parcours des Abeilles; les
uns donnent comme moyenne 2 kilomètres de
rayon autour du rucher, d'autres disent avec raison que si les Abeilles ne trouvent pas de pâturages près du rucher, elles peuvent s'éloigner
beaucoup plus. Ainsi, un apiculteur des Pyrénées-Orientales a vu une année, à cause de l'extrême sécheresse du printemps, ses Abeilles aller
jusqu'à 7 kilomètres pour chercher l'eau qui leur
était nécessaire; M. G. de Layens a observé une
fois, en juillet, dans un haut pâturage des Alpes
du Dauphiné, à environ 2000 mètres d'altitude,
des Abeilles qui butinaient sur les asters et les
chicoracées, à plus de 5 kilomètres des ruches les
plus rapprochées. Les Abeilles semblent donc
pouvoir se laisser entraîner par la nécessité de la
nourriture fort loin de leur point de départ.

Dans les pays de plaine, l'espace plus ou moins
grand parcouru au vol par les Abeilles ne paraît
subordonné qu'à l'éloignement des plantes melli-

fères; mais, dans les hautes montagnes, plusieurs autres causes, telles que la distance verticale à franchir, une profonde vallée interposée, des courants d'air frais à traverser, ne permettent pas toujours aux Abeilles de profiter de la riche végétation des régions élevées dans un rayon aussi étendu qu'en plaine. Ainsi, pour un rucher situé à 1100 mètres d'altitude, M. de Layens n'a presque jamais vu les Abeilles s'élever verticalement à plus de 350 à 400 mètres, et cependant, à cette hauteur, leur distance au rucher ne dépassait pas 700 à 800 mètres en projection horizontale; mais les insectes avaient été forcés de traverser des couches d'air constamment de plus en plus fraîches que celles où ils circulaient habituellement. Dans un autre rucher placé à 1450 mètres d'altitude, les Abeilles montaient rarement au delà de 1800 mètres, tandis que souvent on les voyait parcourir plus de 2 kilomètres dans le sens horizontal, dans les conditions où elles se trouvent en plaine. Enfin le même apiculteur n'a jamais vu les Abeilles d'un troisième rucher à 1700 mètres dépasser l'altitude de 2000 mètres. A des hauteurs beaucoup plus considérables volaient d'autres Hyménoptères, que les montagnards prenaient souvent pour des Abeilles. En général, ces insectes montent d'autant moins que les mouvements de terrain ont en moyenne des pentes plus raides.

On voit, en résumé, que la distance parcouru par les Abeilles, surtout dans les pays très-accidentés, est des plus variables et souvent subor donnée à d'autres causes que la proximité très-inégale des plantes mellifères.

Le poids des Abeilles peut différer considérablement suivant les circonstances dans lesquelles on les pèse. Ainsi, des Abeilles mortes de faim étaient au nombre de 22 à 23 000 au kilogramme. Quand elles ont mangé, et suivant les degrés très-variables de leur alimentation, en raison du pays et de la saison, il y a de 8 à 12 000 insectes au kilogramme, 10 000 en moyenne approximative. Si on prend les Abeilles rentrant à la ruche, il faut compter dans ce poids celui des boulettes de pollen qu'elles rapportent souvent à leurs pattes postérieures; selon leur grosseur et leur nature, elles varient de 120 à 150 par gramme. Les faux bourdons vivants, pris en entrant dans la ruche et en sortant de celle-ci, sont au nombre d'environ 2400 au kilogramme.

Dans la bonne saison, quand le miel abonde, 1000 Abeilles peuvent rapporter 30 grammes de miel par voyage; d'où, en supposant six voyages dans un jour favorable, un essaim de 2^k,5 peut ramasser 4500 grammes de miel en un jour.

Dans les colonies nourries artificiellement au miel, on a vu des colonies fortes en population et logées dans de grandes ruches, qui ont enlevé, de juillet à septembre, 3, 4, 5 et même parfois 10 kilogrammes de miel en vingt-quatre heures. D'un autre côté, des colonies, dans un pays riche en fleurs mellifères, peuvent butiner en un jour les mêmes quantités de miel sur les fleurs. Dans le Gâtinais, il n'est pas rare de constater une augmen-

tation de 3, 4, 5 et même 6 kilogrammes dans
certains jours, sur des ruches culbutées avec une
bâtisse, c'est-à-dire renversées avec une ruche à
gâteaux vides au-dessus, où les Abeilles, qui remplissent toujours les vides supérieurs, vont porter
la provision faite dans la journée. On a vu parfois
8 et 10 kilogrammes; mais ces derniers chiffres
sont fort rares.

Il est presque impossible de donner des chiffres
sur la population des ruches, tant il y a de variations à cet égard suivant la capacité de la ruche,
la production de fleurs dans le pays, l'état atmosphérique de la saison, la fécondité individuelle
de la mère, etc. Il naît environ 850 ouvrières par
décimètre carré de rayon (les deux faces comprises), de sorte qu'une ruche, selon sa grandeur,
peut avoir de 30 à 50 000 ouvrières et 2 à 3000
faux-bourdons.

Rien de plus variable également que le produit
en miel et en cire. Dans les mauvaises années les
ruches n'ont pas même assez de miel pour assurer
pendant l'hiver la subsistance de leurs habitants, et
il faut les nourrir soit au miel, soit au sirop de
sucre.

Par les années très-pluvieuses (ce que j'ai vu
aux environs de Paris dans l'automne de 1860) les
Abeilles sont réduites, contrairement à leur instinct, à dépecer avec leurs mandibules les fruits
sucrés, à la façon des Guêpes. Par les années favorables, en prenant les environs non immédiats de
Paris, on peut récolter par ruche, en récolte complète, 20 kilogrammes de miel, et même plus; en

général, si on sait bien conduire les Abeilles, il faut leur laisser environ 12 kilogrammes par ruche et prendre le surplus comme récolte partielle. Je suppose, bien entendu, un apiculteur intelligent, ne se livrant pas à la pratique barbare de l'étouffage par la mèche soufrée, conservant les Abeilles par transvasement ou par séquestration à la fumée dans une portion de la ruche. Ce sont là, disons-le, des chiffres de très-bonnes années. M. Collin donne, comme produit d'une année moyenne, des chiffres beaucoup plus faibles. Un apier de vingt ruches fournira, dit-il, de 30 à 40 kilogrammes de miel et environ 4 de cire fondue, en supposant une bonne direction de l'apier, l'essaimage des ruches faibles empêché, le remplacement des ruches qui dépérissent opéré par des essaims.

Il est impossible de rien dire de général sur le produit des ruches, répéterons-nous. Quand on renonce à la cire, en faisant servir un grand nombre de fois les vieux rayons au moyen des cadres mobiles, on augmente nécessairement beaucoup le produit en miel, les Abeilles ne perdant plus de miel à transformer en cire et employant à la récolte extérieure les ouvrières qui seraient obligées de faire des constructions nouvelles pour le couvain et pour le miel. On a remarqué que lorsque, au moment d'une grand récolte, on met deux essaims d'égale force dans deux ruches, dont l'une est remplie de rayons vides et l'autre sans rayons la première récoltera pendant le même temps, environ quatre à cinq fois plus de miel que la seconde.

GIRARD. — *Abeilles.* 8

Pendant la nuit les Abeilles, dont les yeux composés sont organisés pour la vision diurne, reviennent toutes à la ruche et ne peuvent plus s'envoler au dehors. C'est pour cela que les *étouffeurs*, voulant tuer à l'acide sulfureux toutes les Abeilles pour s'emparer de la totalité du miel, choisissent le soir pour mettre la ruche dans la fosse au fond de laquelle brûle la mèche soufrée. Mais les Abeilles ne sont pas endormies durant la nuit. C'est alors qu'elles remontent au haut de la ruche la récolte de la journée, qui a été déposée provisoirement dans les cellules du bas; elles continuent aussi, comme dans la journée, la construction des gâteaux.

A certains moments, les Abeilles boivent de l'eau, et ce fait a été vu par Aristote. C'est surtout pour délayer la pâtée du couvain. Elles ont aussi besoin d'eau pour liquéfier le vieux miel cristallisé dans les cellules. Elles se servent souvent en hiver, pour cet usage, de la vapeur d'eau condensée dans la ruche. Au printemps, elles prennent l'eau au dehors, sur les feuilles, dans les ruisseaux, etc.; quand il fait sec peu d'Abeilles vont chercher de l'eau, parce que probablement, ce moment coïncidant avec une grande miellée des fleurs, elles trouvent dans le nectar très-aqueux l'eau qui leur est nécessaire; en temps humide, où manque le nectar, les Abeilles vont chercher de l'eau au dehors.

L'irascibilité des Abeilles est des plus variables. Il y a des personnes qui paraissent les manier à peu près impunément; d'autres, au contraire, ne peuvent s'aventurer auprès d'elles sans être pi-

quées : c'est sans doute une question d'odeur. Il
faut toujours s'approcher des ruches et y toucher
avec calme, sans cris ni mouvements brusques.
C'est une erreur de croire que les Abeilles recon-
naissent les personnes de la maison, même celles
qui les visitent habituellement; ce préjugé est à
peu près de même ordre que la coutume naïve de
faire participer les Abeilles aux joies et aux douleurs de la famille, en mettant des tentures appropriées devant les ruches, dans la croyance que
les insectes abandonnent la demeure de ceux qui
oublient de les associer aux événements domestiques.

D'une manière générale, on peut dire que les
Abeilles entrent en fureur quand on cherche à les
visiter dans leur demeure sans les avoir préalablement maîtrisées; loin de la ruche elles sont inof-
fensives comme tous les Hyménoptères nidifiants;
ainsi, qu'on mette à quelque distance de l'apier
des gâteaux remplis de miel, et qui bientôt sont cou-
verts de butineuses, on pourra cependant les manier sans danger, à moins que la main ne froisse
imprudemment quelque insecte, qui alors se dé-
fend. Si on ouvre une ruche bien remplie de miel,
surtout après qu'on l'a maintenue fermée quelque
temps, afin que les insectes aient pu se gorger, on
n'a que peu à craindre des piqûres. Il semble que
l'Abeille, bien gonflée de sucs, ait peine à recour-
ber son abdomen pour faire saillir l'aiguillon. Au
contraire, une ruche pauvre en miel est dange-
reuse à visiter; il faut surtout faire attention aux
barbes, c'est-à-dire aux commencements d'essaims

qui descendent en grappe du plancher ; les Abeilles en sont très-irritables, et cependant n'ont point de couvain à défendre. Il est fort difficile de poser des règles générales en Apiculture ; nous ignorons encore bien des modifications de l'instinct des Abeilles.

Pour les manipulations apicoles, quand il faut accumuler les abeilles dans une portion de la ruche, ou les transvaser d'une ruche dans une autre, on emploie la fumée produite en général dans des enfumoirs portatifs. On se la procure avec de vieux chiffons, ou du bois pourri ou du pourget (bouse de vache desséchée). Les abeilles se mettent toutes à battre des ailes par mouvements précipités, afin de chasser la fumée, et cette occupation, due à la crainte, les empêche de faire usage de l'aiguillon. Il est prudent de se servir du camail et du masque dans les manipulations.

Les mouvements d'ailes précipités sont d'un usage normal dans les ruches très-peuplées, afin de renouveler l'air en opérant une véritable ventilation, par une précaution hygiénique instinctive. La disposition des Abeilles dans la ruche est un phénomène instinctif analogue. En hiver elles se resserrent en pelotes, seul moyen de combattre par leur chaleur propre l'abaissement de température ; ce n'est qu'au milieu du peloton d'Abeilles qu'il est exact de dire qu'un perpétuel printemps règne dans la ruche. Dans les places libres la température peut s'abaisser à zéro et au-dessous ; c'est ce qui a trompé Newport dans ses expériences. Son thermomètre en hiver descendait à zéro, parce qu'il n'était pas au milieu du peloton d'Abeilles, mais dans l'air froid de la ruche, hors de ce peloton. Si un froid subit se produit autour des ruches, on entend un bourdonnement, qui indique que les insectes s'agitent pour produire l'excès de température nécessaire; jusqu'à 10 degrés environ les Abeilles restent en grappe dans la ruche. Elles commencent à se disjoindre de 15 à 20 degrés; de 25 à 30 degrés, elles quittent peu à peu le haut de la ruche, où monte l'air chaud, pour descendre au bas, sur les côtés ou dans les espaces libres que laissent les planches de partition dans les ruches à cadres mobiles. Au-dessus de 30 degrés de l'air extérieur, elles commencent à sortir, et de 35 à 40 degrés elles restent inactives hors des ruches, où leur présence, augmentant encore la température, pourrait amener le décollement des gâteaux.

La chaleur du lieu où il place les ruches doit préoccuper l'apiculteur intelligent. Il faut les orienter au levant, ou au midi, si le pays est froid; choisir une place sèche, et maintenir les ruches sous un léger abri au moins à 40 centimètres au-dessus du sol toujours humide le matin par la rosée de la nuit. On peut, sans ces précautions, s'exposer à de graves mécomptes dans le produit. C'est ainsi que, dans le canton de Millas (Pyrénées-Orientales), le miel est de seconde qualité, malgré l'excellence de la flore prédominante; mais les paysans ne s'y préoccupent pas assez des graves inconvénients de l'exposition des ruches au soleil bien que l'expérience leur ait démontré que mieux

GIRARD. — *Abeilles.*   8.

vaut trop d'ombre que trop de soleil, surtout dans les pays méridionaux (A. Siau).

Cette chaleur extérieure au rucher se lie à la condition thermique de l'intérieur. Le maintien d'une certaine température est indispensable à la vie des Abeilles, et si elle n'atteint pas une élévation suffisante les insectes demeurent inactifs, incapables de dégorger le miel, et surtout de former la cire par une élaboration digestive, et de l'employer aux constructions.

C'est par leur accumulation dans un petit espace que les Abeilles dégagent de la chaleur libre en quantité qui permette d'établir une température convenable. Non-seulement un fort excès de température peut exister dans les ruches au-dessus de l'air ambiant, mais aussi dans les nids de Bourdons, les guêpiers, les fourmilières, où la chaleur est la conséquence naturelle de la vie sociale des insectes. Il y a également excès de température si beaucoup d'insectes, comme des Cantharides, des Hannetons, sont en amas dans un pot ou dans un sac, et le même fait a lieu pour des larves : ainsi les chenilles de la Teigne ou Gallérie de la cire réunies en grand nombre dans les gâteaux qu'elles dévorent, les *asticots* ou larves de Muscides en provision pour la pêche à la ligne, etc.

Les anciens observateurs, Swammerdam, Réaumur, Huber, avaient reconnu qu'il règne toujours dans les ruches, même en hiver (en certains points, ceux occupés par les Abeilles), la chaleur d'un perpétuel printemps. Cette chaleur, comme

l'a démontré Newport (1), est complétement liée
à l'activité respiratoire et à l'agitation des Abeilles.
Au moment de l'essaimage, alors que la combustion respiratoire est la plus grande, les ruches ont
de 28 à 35 degrés centigrades à l'intérieur (Newport, Dubost), ordinairement 32 degrés, à peu près
la température qu'une poule qui couve communique à ses œufs. L'éclosion du couvain de
l'Abeille paraît souffrir de températures plus basses
ou plus élevées.

Dubost (2) avait installé des expériences de
températures de ruches très-bien conduites, au
moyen de ruches de bois pourvues de vitrages,
contenant chacune au centre un thermomètre à
mercure entouré d'un étui de bois percé de trous
et fixé à demeure, afin d'éviter l'objection qui lui
fut faite par Hubert, que l'introduction brusque du
thermomètre excitait les Abeilles et produisait une
calorification accidentelle et factice. Lors de l'éclosion du couvain et pour amener la température
nécessaire, de 32 degrés centigrades environ, les
Abeilles, quittant leurs travaux, se groupent au
centre de la ruche, sur les gâteaux, se serrant les
unes contre les autres (3), procédant, de la sorte, à
une véritable incubation et n'ayant qu'une inaction
apparente; les Abeilles savent entretenir une chaleur
déterminée, absolument nécessaire pour opérer la

(1) *Transact. philos.*, 1837, p. 259 et suiv.; *Ann. sc. natur.
zool.*, 2ᵉ série, 1837, t. XIII, p. 124 (extrait).

(2) *Méthode avantageuse de gouverner les Abeilles.* Bourg (Ain),
1800.

(3) Dubost, p. 13.

naissance des jeunes mouches (1). Si, au contraire,
la chaleur devient trop forte dans la ruche, les
Abeilles établissent des ventilateurs, qui ne sont
autres qu'elles-mêmes, se cramponnant aux parois,
se portant aux entrées, et agitant leurs ailes avec
une telle rapidité que l'œil peut à peine en suivre
les mouvements.

Après la grande éclosion du couvain, la température des ruches s'abaisse. Ainsi, dit Newport,
en août la température de la ruche varie de 27 à
30 degrés au milieu du jour, alors que la température extérieure est souvent de 25°,5, de sorte
que les Abeilles produisent moins de chaleur à
cette haute température qu'à 20 degrés au dehors,
lors de l'essaimage, parce qu'elles sont moins
excitées. Dubost dit que la température de la portion de ruche occupée par les Abeilles demeure
toujours de 20 à 25 degrés, même par les froids
les plus rigoureux de l'hiver, pourvu que les
Abeilles, serrées en peloton, continuent à entourer le thermomètre; mais on peut, si elles
s'éloignent de la région occupée par le thermomètre, voir celui-ci tomber au-dessous de zéro,
subissant l'influence de la température extérieure (2). Dubost examinait, jour par jour, la
température de ses ruches pendant le rigoureux
hiver de 1788-1789. Il observa que le thermomètre
descendit dans une de ses ruches à —5 degrés, la
pièce où elle était remisée étant à —8 degrés, et

(1) Dubost, p. 17.
(2) Dubost, p. 10.

l'air libre du dehors à —20 degrés; les Abeilles, demeurées vives et bien portantes, avaient quitté le centre de la ruche, où était fixé le thermomètre, pour se placer dans la partie supérieure. Une autre ruche, plus peuplée et plus riche en miel, laissée au froid rigoureux du dehors, conservait, comme à l'ordinaire, les hautes températures indiquées. Dans l'intérieur des deux ruches pendaient des glaçons, s'arrêtant brusquement autour des régions où les Abeilles, serrées en peloton, conservaient une haute température. Dubost, à la fin de janvier 1789, examina des ruches sans abri dans la campagne, et, en frappant légèrement sur les parois, entendait aussitôt assez de bruit pour être rassuré sur le sort de leurs habitants; on ne peut présumer que, dans un pareil hiver, la gelée n'eût pas pénétré jusqu'aux Abeilles si elles n'avaient eu le pouvoir de l'arrêter. Les Abeilles ne sauraient résister sans périr, même pendant peu de jours, à un véritable engourdissement; en hiver elles se réunissent en masse et sont toujours environnées d'air chaud. Non-seulement elles ne succombent pas sous les atteintes du froid, mais peuvent encore se déplacer dans la ruche et notamment se serrer davantage, si le froid augmente, de sorte que le thermomètre placé au milieu des Abeilles monte alors de quelques degrés (1), pour descendre, au contraire, si, le temps devenant plus doux, le peloton s'éclaircit.

Newport avait avancé à tort que les Abeilles

(1) Dubost, p. 29.

s'engourdissaient en hiver, et que la température de la ruche pouvait descendre au-dessous de zéro; les températures variées qu'il obtenait avec ses thermomètres à poste fixe dépendaient du voisinage plus ou moins grand où les pelotons d'Abeilles se trouvaient de ses instruments.

Il résulte des faits précédents que la température d'une Abeille isolée, active et volant, doit s'élever notablement au-dessus de celle de l'air ambiant; Newport indique un excès de 5 à 7 degrés, qui est à peu près celui que j'ai obtenu, en moyenne, pour des Bourdons isolés, plus faciles à mettre en expérience. On comprend que pour ces petits animaux, la masse propre du corps thermométrique a une influence considérable et apporte une diminution notable entre la température observée et la température réelle de l'insecte. En outre, le développement externe de leur chaleur propre est lié au bourdonnement et en rapport immédiat; la température s'abaisse dès que l'insecte cesse de bourdonner, se relève aussitôt que reprend le bourdonnement et cela un grand nombre de fois consécutives.

Enfin le thorax est toujours à une température plus élevée que l'abdomen, en raison de la combustion respiratoire énergique nécessitée par les mouvements du vol, ce qui se constate bien au moyen de deux aiguilles thermo-électriques fer-platine, l'une dans l'abdomen, l'autre dans le thorax; l'excès, relevé au galvanomètre, est toujours en faveur du thorax; en croisant les soudures, c'est-à-dire en mettant dans l'abdomen l'aiguille qui était dans le thorax, et *vice versa*, on obtient une déviation inverse, indiquant toujours un excès pour le thorax, ce qui montre bien qu'il n'y a pas une erreur accidentelle propre aux aiguilles.

C'est ce résultat généralisé pour les insectes des divers ordres, démontré par des méthodes de mesures différentes, qui se trouve résumé dans cette loi : chez les insectes doués de la locomotion aérienne, la chaleur se concentre dans le thorax en un foyer d'intensité proportionnelle à la puissance effective du vol (1).

(1) On peut consulter, pour toutes ces questions de la chaleur propre des insectes : Maurice Girard, *Sur la chaleur libre dégagée par les animaux invertébrés et spécialement les insectes*, thèse pour le doctorat ès sciences de la Faculté de Paris, 3 juillet 1869, et *Ann. des sc. natur. zool.*, 1869, t. XI, p. 135.

CHAPITRE VII

Essaimage. — Des essaims naturels primaires,
secondaires, etc.

Quand les ruches sont très-grandes et qu'on a
soin de les agrandir en temps utile, lors de la saison de forte récolte, les abeilles tentent rarement
de quitter leur demeure. C'est ce qui arrive surtout
dans les ruches naturelles, où la place est surabon-
dante, ainsi dans les arbres creux, ou dans ces
crevasses de la terre de certaines régions de l'Amérique, dans lesquelles les chercheurs de miel
trouvent parfois des gâteaux amoncelés sur plusieurs mètres d'épaisseur; on connaît encore fort
mal les mœurs de ces grands nids dans lesquels il
y a probablement coexistence de plusieurs femelles
fécondes.

En général, dans nos ruches limitées à une seule
reine, à l'époque de la grande abondance, se produit une tendance naturelle à l'*essaimage*, c'est-à-
dire à la sortie au dehors d'une partie de la popu
lation. La reine de la ruche, d'ordinaire de l'année
précédente, s'en va avec l'essaim, ce qui est plus
exact que de dire qu'elle le conduit, car la reine est
précédée par le plus grand nombre des ouvrières
et par quelques faux-bourdons qui s'amassent à
l'entrée de la ruche, et ne se montre en général au

dehors qu'avec le dernier tiers de la population émigrante. Une fois que des cellules maternelles avec des larves nourries à la gelée royale existent dans la ruche, l'essaimage devient en quelque sorte forcé, et l'agrandissement de la ruche ne l'empêche plus.

Les Abeilles qui constituent l'*essaim primaire* sont donc le groupe qui se sépare de la famille et l'abandonne pour aller s'établir ailleurs et former une autre famille. Elles s'élèvent en tourbillon autour de la ruche, et il est probable que, dans leurs cercles entrelacés, elles s'assurent de la présence de la mère ; quelquefois l'essaim est vagabond et, sans doute guidé par des éclaireurs qui ont reconnu à l'avance un lieu propice, va se perdre dans un arbre creux, une toiture de maison abandonnée, une crevasse de rocher, pour y établir une ruche naturelle ; ces ruches sont du reste très-peu fréquentes, du moins en France, en Angleterre (F. Smith) et aussi en Suède (Zetterstedt). Presque toujours l'essaim s'écarte peu de la souche d'où il sort et va se suspendre en grappe à une branche d'arbre. Les insectes s'attachent les uns aux autres par les crochets des pattes antérieures emboîtés dans ceux des pattes postérieures de la rangée supérieure, la première rangée s'accrochant à la branche et à ses feuilles par les pattes de devant ; ce mode de suspension évite toute déchirure de la membrane délicate des ailes.

Il s'agit de recueillir l'essaim en ruche. La loi autorise le propriétaire à rechercher son essaim partout où il s'est posé, sans qu'un autre ait le droit de se l'approprier, mais sous réserve de toute indemnité de dommage. On devrait renoncer à la pratique inutile de faire du bruit avec des chaudrons ou des cloches pour forcer l'essaim à descendre. Un homme, muni du masque et du camail, présente une ruche renversée et souvent enduite de miel au-dessous de la grappe pendante de l'essaim, et tâche d'engager le plus possible, dans sa cavité, l'extrémité de cette grappe ; ensuite il secoue assez fortement la branche, de façon à en détacher les Abeilles, puis redresse la ruche dans son sens naturel, et la pose à terre au centre des tas d'insectes tombés pendant l'opération.

Si la mère est dans la ruche ou si elle y entre au bout de peu de temps, les Abeilles envolées ne tardent pas à rejoindre avec empressement leurs compagnes par les ouvertures qu'on a eu soin de laisser entre le bord de la ruche et le sol ; tout se calme bientôt et on peut porter la ruche à l'apier, de préférence le soir, lors du calme des insectes. Au contraire, si la mère n'est pas entrée dans la ruche, les insectes se dispersent bientôt, vont reformer autour d'elle une nouvelle grappe, et la capture de l'essaim est à recommencer.

Si la mère, ce qui arrive parfois, n'est pas sortie de la souche avec l'essaim, celui-ci, après avoir décrit au vol quelques courbes autour de la souche, y rentre, sans tenter pour le moment un établissement nouveau.

Les Abeilles de l'essaim naturel, placées dans leur nouvelle ruche, construisent avec une grande rapidité les premiers édifices de cire. Il est probable qu'elles ont emporté avec elles de la cire toute préparée en plaques sous leur abdomen; en effet, plusieurs jours avant le départ de l'essaim, les Abeilles restent en grappe dans la souche sans construire, et c'est sans doute alors qu'elles font cette provision de cire dont l'élaboration exige une forte chaleur.

L'essaimage naturel dépend beaucoup de la capacité de la ruche. De même qu'il est très-probable que les colonies sauvages n'essaiment pas lorsqu'elles sont logées dans des creux très-vastes, les très-grandes ruches n'essaiment pas ou rarement, les Abeilles remplaçant la reine trop vieille. M. de Layens cite une ruche n'ayant essaimé que trois ou quatre fois en trente-cinq ans. Près de Sèvres a existé ou existe encore dans une maison, depuis sept ans, une colonie d'Abeilles placée entre deux planchers, avec un espace libre indéterminé. Quand on veut du miel on adapte une calotte à un trou percé dans le plancher supérieur. Près de Dreux, à Louye, on a détruit l'année dernière une énorme ruche naturelle qui existait depuis longtemps dans une vieille tour, et on a emporté plusieurs seaux remplis de gâteaux et de miel. Au contraire, les petites ruches de douze à quinze litres de capacité, comme celles de Suisse, essaiment nécessairement beaucoup.

La ruche dont est sorti l'essaim primaire contient des larves maternelles au berceau dans leurs cellules. Si la population a été très-affaiblie par le départ d'une partie des insectes, ou si le temps est froid et pluvieux, de sorte que le miel commence à manquer dans la campagne, il n'y a plus tendance à un nouvel essaimage. Les Abeilles laissent sortir librement la jeune mère qui atteint la première son entier développement. Elle détruit aussitôt, sans opposition, les rivales nées peu après, ou va les percer de l'aiguillon dans leurs cellules que ces ouvrières déchirent. Il n'en est pas de même si les circonstances sont favorables à un nouvel essaimage ; les ouvrières empêchent la jeune mère d'opérer ses meurtres instinctifs, renforcent la cire des cellules maternelles, où elles retiennent captives les autres mères arrivées à terme, les nourrissant par un petit trou pratiqué au couvercle. C'est par là qu'elles passent la langue pour demander et recevoir les aliments, et, le repas terminé, les gardiennes rebouchent le trou.

La jeune mère, l'essaim primaire parti, inquiète et jalouse de la présence des autres mères, fait entendre un chant clair et plaintif, *tuh, tuh, tuh...* répété dix fois et plus sans interruption, et quelquefois si fortement que, le soir surtout, on l'entend à plus d'un mètre de distance de la ruche. Bientôt, si l'*essaim secondaire* tarde à sortir, les mères prisonnières répondent au chant de la mère libre par un chant étouffé, *quak, quak...* Au premier beau jour, le second essaim part, accompagné de la mère au chant *tuh*, et la plus âgée des mères au chant *quak* sort de sa cellule. Le plus souvent on lui laisse la liberté de tuer ses rivales, soit dans la cellule, soit à leur mise en liberté ; aussi, après l'essaimage secondaire, on trouve souvent un ou plusieurs mères mortes devant la souche.

Dans le cas contraire, la mère qui est restée à la souche, toujours la plus jeune, tandis que la plus vieille accompagne l'essaim, fait entendre, comme sa devancière, le chant *tuh*, chant d'inquiétude et de colère, auquel les mères en cellules répondent par le chant *quak*, et un *essaim tertiaire* se produit.

Ces essaimages multiples sont fâcheux et doivent en général être prévenus par diverses méthodes, car ils affaiblissent trop la souche, qui souvent ne peut plus amasser assez de récolte pour passer l'hiver. En outre, ces essaims, conduits par une jeune mère non fécondée, sont souvent vagabonds et se perdent.

Les essaimages naturels présentent de nombreux inconvénients. On est obligé de surveiller les ruches souvent pendant six semaines; il se perd des essaims vagabonds, ou bien des essaims se réunissent; les essaimages multiples amènent trop souvent la ruine des ruches mères. Lorsque l'essaimage est tardif, les essaims peuvent n'avoir pas le temps de recueillir assez de provisions pour hiverner, ce qui détruit les nouvelles ruches qu'ils ont formées. Assez souvent, au contraire, il n'y a pas d'essaims et des mères trop vieilles ne peuvent se renouveler, ce qui cause la perte de beaucoup de colonies. Afin d'obvier à tous ces désavantages, les apiculteurs ont imaginé de faire des *essaims artificiels*. On nomme ainsi ceux que l'apiculteur prend dans une colonie, au lieu d'attendre, en quelque sorte, le bon vouloir des insectes. C'est un essaimage qu'on opère soi-même,

au temps le plus opportun pour la meilleure récolte, quand on éprouve le besoin de créer de
nouvelles colonies. Il nous est nécessaire de donner
quelques notions générales sur les ruches, afin de
pouvoir expliquer les meilleurs procédés pour
conduire à bonne fin cette opération apicole.

CHAPITRE VIII

Théorie de la ruche. — Étude sommaire des ruches à rayons fixes, et des ruches à rayons mobiles ou à cadres.

Il est facile de comprendre que la nature même nous commande de placer les Abeilles dans des ruches, si nous voulons augmenter dans une proportion considérable les produits de leurs travaux. Reprenons, suivant l'ingénieuse idée de M. de Layens (1), un essaim naturel qui vient de se suspendre à une branche, par un temps assez chaud pour que les insectes bien actifs se mettent immédiatement à travailler à l'air libre, dans le but d'assurer la propagation de leur espèce qui domine toute leur existence.

La forme de l'essaim est celle d'un cône renversé, fermé de tous côtés par les Abeilles, excepté à la pointe où leurs rangs serrés laissent un petit trou pour l'entrée et la sortie des insectes intérieurs. Qu'on suppose, au bout de peu de jours, l'essaim coupé en deux par un plan vertical mené suivant l'axe du cône, on verra au milieu un premier rayon de cire attaché à la branche, et, à droite et à gauche, suspendus, deux autres rayons

_____

(1) De Layens, *Élevage des Abeilles par les procédés modernes.* Paris, p. 144

moins longs que le premier. Autour de ces trois
rayons, une agglomération d'Abeilles formé enve-
veloppe, sur une épaisseur de 3 à 4 centimètres.
Cette masse périphérique inactive laisse libre de
ses mouvements la partie centrale et active des
insectes qui travaillent à l'intérieur. Les Abeilles
extérieures, serrées entre elles et accrochées les
unes aux autres, forment autour des travailleuses
une véritable croûte de réchauffement, par la chaleur que dégage leur combustion respiratoire et
qui est nécessaire pour maintenir à l'intérieur,
dans le milieu du cône, une température d'environ 35 degrés, la plus propice à l'élaboration de
la cire et à l'élevage du couvain. La croûte de
réchauffeuses augmente ou diminue d'épaisseur,
suivant la température, et se dissocie d'elle-même
au milieu de nos plus chaudes journées des régions
méridionales, quand la température s'élève à plus
de 35 degrés; mais, dès que la température de
l'air extérieur s'abaisse, à mesure que le soleil se
rapproche de l'horizon, les Abeilles se hâtent de
reformer le manteau protecteur, et son épaisseur
s'accroît tout de suite du côté où quelque courant
d'air froid vient à frapper le cône.

Aussitôt que le rayon médian a atteint une longueur de 10 à 12 centimètres, la mère commence
à pondre ses œufs à partir de l'alvéole central, et
continue sa ponte en suivant une spirale régulière
autour de ce premier œuf, centre du couvain, qui
prend ainsi une forme circulaire; dès lors l'activité des ouvrières devient extrême, car elles doivent simultanément s'occuper de l'éducation du

couvain, construire de nouveaux rayons, enfin récolter le miel et le pollen. Le premier gâteau n'est
guère prolongé au delà d'une hauteur verticale de
30 centimètres, mais les Abeilles en construisent
d'autres de chaque côté ; le miel et le pollen destinés à fournir la pâtée des larves sont mis en réserve dans les cellules qui entourent le couvain,
de manière à former au-dessus de lui un dôme de
provisions qui s'étend jusqu'au sommet des rayons.
C'est pendant vingt et un jours, durée de l'éducation complète de la postérité, que la mère continue sa ponte en spirale, et le couvain est alors
parvenu à ses dimensions-limites ; puis les cellules
où la mère avait commencé à pondre étant devenues libres, elle reprend, dans le même ordre que
la première fois, le seul travail qu'elle sache faire
et qui doit être l'unique occupation de sa longue
vie, à moins qu'une température trop basse où le
manque d'aliments ne vienne arrêter sa faculté
productrice des œufs.

L'observation de cet état de nature nous montre
tout de suite l'avantage de la ruche ; c'est de dimi-
nuer ou même de supprimer la croûte inactive des
Abeilles de la périphérie, car des parois d'une
substance suffisamment épaisse et qui conduit mal
la chaleur servent à maintenir à l'intérieur la température nécessaire à la ponte et au travail, de manière à rendre disponible pour un service actif le
plus grand nombre ou même la totalité des
Abeilles.

Il est bien entendu que, dans nos climats, cet
état de nature à l'air libre ne saurait durer long-

9.

temps, indépendamment de la lenteur du travail et de la faible récolte par le nombre considérable d'Abeilles forcément inactives. On a laissé, à eux-mêmes, par curiosité, des essaims suspendus aux branches, et les Abeilles sont mortes ou ont abandonné les rayons en octobre, aux premières nuits froides. Il n'en est pas de même dans les régions chaudes. Ainsi, à Haïti, on voit des essaims faisant leurs gâteaux à découvert, serrés les uns près des autres, à l'ombre, sous des hangars, sans qu'il soit nécessaire de leur donner un abri périphérique.

Nous ne faisons par la ruche qu'imiter l'instinct qui pousse les Abeilles à s'abriter à l'état sauvage dans les creux d'arbres ou les creux de rochers. L'étude de l'essaim naturel abandonné à lui-même montre encore que le travail des Abeilles, qui a pour but exclusif la reproduction de l'espèce, exige une action unique, concentrée dans un seul centre formé par l'agglomération du couvain; donc tout système de culture, comme les calottes, les hausses, les étages superposés des ruches, bien que pouvant offrir des avantages dans un but particulier et déterminé, comme la récolte du miel à une époque spéciale, sont un système apicole contraire aux instincts du genre *Apis*. En connaissant la grandeur de l'espace occupé par le couvain dans l'essaim naturel, on en déduit le volume qu'il faut réserver au minimum dans toute ruche à la ponte de la mère et qui doit se déduire du produit possible. Enfin, comme le couvain occupe toujours le centre de l'essaim naturel, la ruche la plus rationnelle sera celle où il pourra se placer au milieu. Quand un essaim est introduit dans une ruche, il va toujours s'établir à la partie supérieure, et la paroi contre laquelle il appuie ses gâteaux remplaçant en partie la croûte calorigène de ce côté, un plus grand nombre d'Abeilles pourra aller à la récolte. La meilleure ruche, au point de vue naturel, abstraction faite de la question de frais, est celle où l'on peut ramener l'essaim, et par suite le couvain, au milieu de l'édifice, en le limitant par des planches de partition, de manière que ces planches et les parois puissent remplacer de toutes parts la croûte inactive d'Abeilles réchauffeuses, et permettre à la plus forte proportion possible d'insectes de butiner au dehors et de travailler au dedans.

Les ruches se divisent en deux types fondamentaux : celles à rayons fixes, celles à rayons mobiles, qui correspondent à deux écoles distinctes parmi les apiculteurs, les *fixistes* et les *mobilistes*, selon qu'ils adoptent l'un ou l'autre système, présentant tous deux des avantages et des inconvénients, suivant les conditions locales et pratiques. Nous serons très-sobres de détails sur les ruches ; chaque traité d'apiculture en préconise en général une, par suite de particularités auxquelles leur auteur donne la préférence, ou en obéissant aux coutumes de sa localité. Au fond, il n'y a là que des nuances inutiles à discuter dans notre ouvrage élémentaire.

Les ruches fixes sont celles où les Abeilles suspendent d'elles-mêmes leurs gâteaux verticaux à

une paroi supérieure immobile, les attachant
comme il leur convient, de sorte qu'on ne peut
séparer les rayons qu'en pratiquant une section
intérieure. La ruche est alors la fidèle image du
creux d'arbre ou du trou de rocher envahi par un
essaim vagabond. Les partisans du mobilisme,
au contraire, cherchent à guider le travail des
Abeilles, en les obligeant à édifier leurs alvéoles
sur des traverses ou dans des cadres mobiles, de
telle sorte qu'on puisse encore enlever à volonté
une partie quelconque de leur travail, sans dé-
ranger le reste de la ruche.

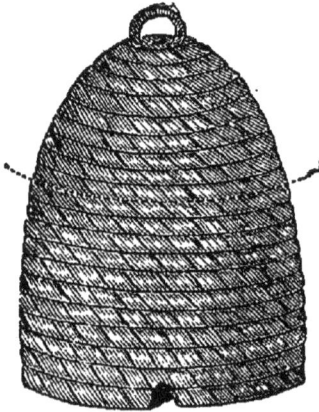

Fig. 14. — Ruche vulgaire   Fig. 15. — Ruche vulgaire
        en paille.   en petit bois.

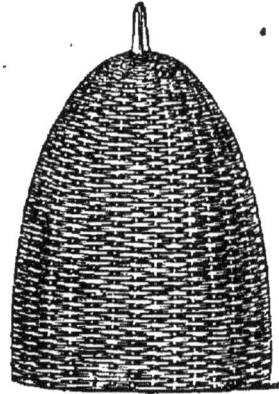

Les ruches fixes les plus communes, accessibles
aux plus pauvres par leur bas prix, sont des paniers en forme de cloche, plus ou moins globu-
leuse ou allongée, en paille ou en osier, viorne ou
troëne. On emploie encore, principalement dans

le Midi, des ruches prismatiques en planches ou en liége, parfois simplement formées d'un tronc d'arbre évidé. Les ruches communes, en forme de cloche, qu'on est toujours obligé de *tailler* par-dessous quand on veut récolter le miel, ont plusieurs graves défauts. Elles ne permettent pas toujours les réunions, nécessaires pour sauver les colonies faibles; sont souvent d'une récolte difficile quand on veut préserver la vie des Abeilles par transvasement à la fumée, et enfin, en raison de ces inconvénients, perpétuent, dans trop de localités, la pratique barbare de l'étouffage, bien digne des Goths, auxquels on l'attribue.

On y a ajouté, pour une exploitation plus rationnelle, une calotte, ou bien une ou plusieurs hausses, communiquant par un petit trou avec le corps principal de la ruche, où restent la mère et son couvain; les Abeilles, dont l'instinct est de toujours construire dans le haut de la ruche, édifient de nouveaux gâteaux dans la calotte ou la hausse et les garnissent de miel, quand la partie supplémentaire est disposée à une époque favorable, après un remplissage suffisant du corps de ruche. Il est vrai qu'il faut toujours détruire les rayons pour récolter; mais la calotte ou la hausse permet de conserver facilement les Abeilles en les obligeant par la fumée à se réfugier dans le corps de ruche, quand on enlève la partie supplémentaire. En outre, on peut aisément, à l'époque convenable, récolter du miel à une essence florale déterminée, et par suite d'une vente avantageuse comme miel de table.

Les mobilistes sont les partisans d'une culture
intensive des Abeilles, permettant d'obtenir des
quantités beaucoup plus considérables de miel, en
sacrifiant volontairement la récolte de cire, dont la
production exige de la part des Abeilles la consommation, et, par suite la part pour l'apiculteur
d'un poids beaucoup plus considérable de miel.

FIG. 16. — Ruche vosgienne   FIG. 17.—Ruche normande
    à calotte (calotte soulevée).   à calotte.

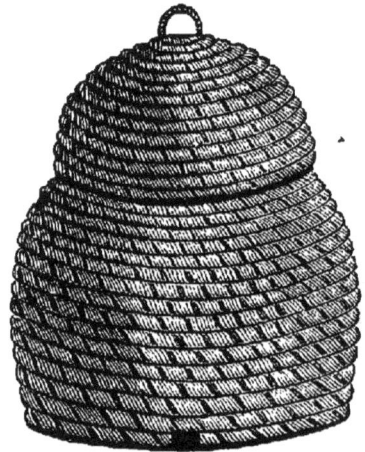

En outre de ce miel absorbé, l'élaboration digestive produisant la cire condamne les Abeilles à une
immobilité prolongée, c'est-à-dire à une grande
perte de temps et de travail. Si l'on récolte du miel
au printemps, lors des premières floraisons, les
Abeilles, privées de leurs rayons par les méthodes
fixistes, sont obligées de les rebâtir pour loger

leurs nouvelles provisions, et, malgré leur activité,
il arrive fréquemment que, lorsque les magasins
sont prêts, la floraison est finie et la récolte manque.
Si, au contraire, on met toujours des gâteaux de
cire vide à la disposition des insectes, ceux-ci
emploient toute leur activité à butiner, sans perte
de temps aucune, en profitant de toutes les fleurs.

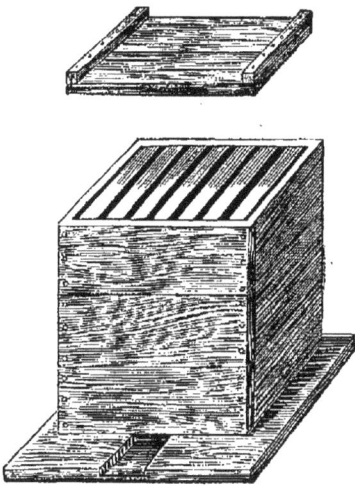

FIG. 18. — Ruche à trois
hausses en bois.

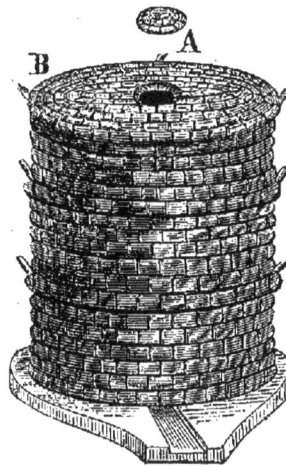

FIG. 19. — Ruche à trois
hausses en paille.

On arrive à ce résultat par l'emploi du *mello-
extracteur* à force centrifuge, ou *turbine* ou *esso-
reuse*, inventée par le Vénitien Hrushka, de Dolo,
près Venise, qui donne un miel vierge et d'une
pureté absolue, les rayons mobiles permettant, en
outre, de la façon la plus aisée, de recueillir séparément les miels spéciaux à telle ou telle plante.

La mobilité, jointe à la solidité des rayons, s'obtient au moyen de cadres en bois qui les rendent parfaitement maniables et leur procurent une durée indéfinie. Quand on agrandit la ruche, lors des fortes miellées, et qu'on n'a pas de gâteaux anciens, on colle comme amorce au haut des cadres des petits morceaux de gâteau que les Abeilles continueront; on a quelquefois employé des gaufres en cire, à facettes hexagonales de la dimension spécifique, pareilles aux fonds naturels et qui servent aux insectes de cloison médiane, de chaque côté de laquelle ils édifient leurs alvéoles.

L'idée de ces gaufres de cire est due à l'observation suivante. Depuis bien des années, les apiculteurs savent que si, au moment d'une forte miellée, on donne à une colonie des rayons vides, les Abeilles récoltent beaucoup plus de miel que si elles avaient à faire ces rayons. Les apiculteurs du Gâtinais, qui, les premiers, employèrent ce procédé, firent fortune ; mais bientôt le prix de ces cires vides augmenta de valeur. Ainsi, une *bâtisse* ou ruche remplie de rayons vides, qui coûtait 2 à 3 francs, vaut aujourd'hui souvent 8 ou 9 francs; il arrive même souvent que les apiculteurs ne peuvent s'en procurer, chacun les gardant pour son usage. Ces bâtisses proviennent, par exemple, d'essaims naturels trop faibles ou trop tardifs pour avoir le temps de récolter suffisamment leurs provisions d'hiver ; au printemps ces essaims sont morts et laissent de belles cires vides à la disposition de l'apiculteur.

Les ruches à cadres mobiles ont beaucoup diminué l'usage et l'importance des bâtisses. Pour bien faire, il faudrait pouvoir construire artificiellement des rayons de cire avec leurs alvéoles et les donner aux Abeilles ; on tirerait un notable profit de l'invention, surtout aux États-Unis, le pays des grands consommateurs de miel. On essaya à ce propos des rayons en bois, et Quimby, aux États-Unis, construisit des alvéoles en fer-blanc très-mince ; mais les abeilles refusèrent presque toujours d'y déposer leur miel ; elles déchirèrent les gâteaux artificiels en papier. C'est alors qu'on eut recours aux gaufres, moulées dans un gaufrier de métal, et qui n'épargnent aux insectes qu'une partie du travail ; on en vit à Paris, en 1866, à l'exposition d'apiculture, présentées par un Suisse, M. Mona, et aussi à l'exposition universelle de 1867 ; à l'exposition apicole de 1868, par M. Thierry-Mieg, de Mulhouse ; enfin, les plus parfaites sont celles que M. Junger envoya, en 1876, à la Société d'apiculture (1). Le premier avantage qu'on songea à retirer des gaufres, ce fut d'empêcher les Abeilles de construire des cellules de faux bourdons. On peut se contenter de placer dans les cadres de simples plaques de cire, et, si elles sont assez épaisses, les insectes y trouvent les matériaux des alvéoles. Un moyen facile de les fabriquer est le suivant, dû à M. G. de Layens : Faites fondre de la cire dans un vase contenant une certaine quantité

(1) Junger, *Apiculteur*, 1876, p. 142 ; — *Journal de l'Acclimatation*, n° 19. 7 mai 1876, p. 176.

d'eau; lorsqu'elle est fondue, on place dessus une plaque de verre graissée ou huilée. En retirant le verre, il emporte en même temps une couche mince de cire qui se détache en feuilles très-facilement.

Si les gaufres ou les feuilles de cire ont l'avantage d'activer le travail des Abeilles, elles ont des inconvénients assez graves qui ont fait renoncer beaucoup d'apiculteurs à leur emploi. Souvent elles se décollent des cadres; en outre, les alvéoles entés à leur surface par les Abeilles tiennent moins bien que celles des gâteaux construits en entier par ces insectes. Enfin et surtout la gaufre ou la feuille s'infléchit, se gondole par la chaleur et la sécheresse, de sorte que les alvéoles du centre se brisent ou se compriment.

La culture intensive des Abeilles par l'extraction du miel à la force centrifuge permet de faire toujours servir les mêmes rayons, qui s'emploient presque indéfiniment à emmagasiner le miel. Ils suffisent dès lors aux apiculteurs qui ne veulent pas augmenter leur production, et cela diminue beaucoup l'utilité des gaufres ou des plaques de cire.

Au reste, les Abeilles ne paraissent faire usage de la cire ayant déjà servi que dans une certaine limite. Si, par exemple, au mois de mai ou de juin, on leur donne un vieux rayon indicateur, on remarquera dans le gâteau qui sera construit à la suite, au bout d'un certain temps, que le commencement de la nouvelle partie du rayon est brunâtre, mais plus clair que le vieux morceau indicateur, et que cette couleur brune s'éclaircit

de plus en plus et passe peu à peu à la couleur
blanche de la cire vierge. Si on livre aux Abeilles
un gâteau dont on a coupé presque entièrement

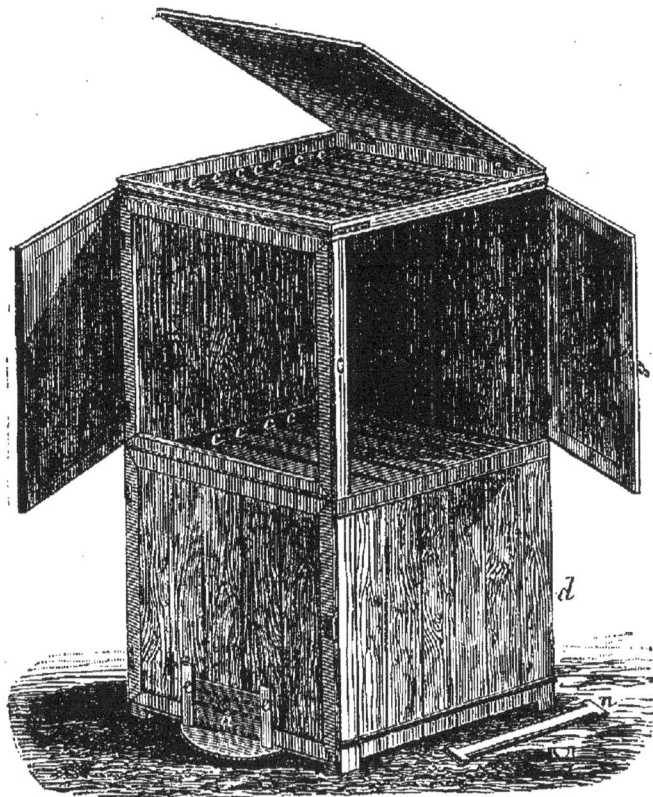

FIG. 20. — Ruche Della Rocca à rayons mobiles.

les parois des cellules des deux côtés, en conservant seulement la cloison médiane, et si on colore
celle-ci avec du bleu d'indigo, les Abeilles recons-
truisent les parois coupées. On observe alors que

le fond des cellules est bleu foncé ; les parois sont
bleues aussi, mais en devenant de plus en plus
claires vers l'orifice où la cire est blanche. Ces
insectes ne se servent donc de la vieille cire que
sur place, et la dédaignent, préférant en produire
de nouvelle, si les morceaux de gâteau se trouvent
sur le fond de la ruche, ou dehors, ou aux environs du rûcher. Il en est autrement chez les Mélipones, comme si la sécrétion de cire leur était
moins facile.

L'idée du rayon mobile est en réalité fort ancienne et paraît due aux Grecs. Dans l'île de Candie (l'ancienne Crète, berceau de Jupiter, que
nourrirent les Abeilles du mont Ida), on se sert de
ruches en osier en forme de paniers. Leur partie
supérieure porte des petites barres de bois séparées les unes des autres et recouvertes en dehors,
pour empêcher l'accès de l'air et de la lumière
ainsi que l'entrée et la sortie des Abeilles. A chaque
barre les insectes attachent un rayon de cire isolé
des autres.

L'abbé Della Rocca, vicaire général de Syra,
une des îles de l'Archipel, où il résida longtemps
et fit des éducations d'Abeilles, fit connaître en
France (1) le perfectionnement qu'il avait fait subir à la ruche grecque, afin de pouvoir changer
indifféremment de place tous les rayons. C'est une
ruche carrée, en planchettes de bois, de 70 centimètres de hauteur environ, partagée en deux
étages égaux, ce qui constitue une ruche à hausses

(1) Della Rocca, *Traité complet sur les Abeilles*, 1790, 3 vol.

et à rayons mobiles. En effet, le haut de chaque
étage est formé de neuf petites traverses de bois,
l'expérience ayant prouvé que les Abeilles construisent neuf gâteaux dans la capacité de 33 centimètres environ de côté. Les côtés de chaque
étage peuvent être ouverts, afin d'observer avec
facilité le travail des insectes. En avant et au bas
de la double ruche se trouve l'entrée des Abeilles,

FIG. 21. — Ruche à feuillets de Huber.

fermée par une porte carrée de fer-blanc ou de
tôle, assujettie par deux coulisses, percée de petits
trous dont la dimension varie, pour le passage
des ouvrières et des faux-bourdons (de sorte qu'on
peut séquestrer les ouvrières ou tous deux à volonté), et d'autres, encore plus étroits, destinés à
la ventilation. La petite planche placée au-devant
de cette porte sert de reposoir aux insectes à leur

retour des champs. On peut dire que cette ruche de Della Rocca a été bien des fois reproduite depuis, avec diverses variations et comme une invention nouvelle, souvent, il faut le dire, en toute bonne foi de la part de l'auteur, ignorant l'ancienneté de ses idées.

C'est à une époque récente que des ruches analogues à la ruche grecque ont été imaginées. François Huber, au commencement de ce siècle, fit reconnaître une ruche dite à feuillets, formée d'une série en nombre variable de châssis mobiles pouvant être enlevés ou ajoutés séparément, et à chacun desquels les Abeilles attachent un gâteau. Dans la construction rustique et pour raison d'économie, on a remplacé les feuillets en bois par des bourrelets de paille tressés, serrés les uns contre les autres, constituant une ruche par l'addition ou la soustraction d'arcades, qui permettent de varier à volonté la capacité intérieure offerte aux insectes.

Tantôt les feuillets, comme le montre notre figure, sont constitués par deux cordons accolés; tantôt, surtout en Allemagne, par un seul. Dans ces deux ruches les extrémités sont fermées par un volet mobile en bois, ou par un tapis de paille. On peut y mettre une vitre, si l'on veut qu'elles servent à l'observation. C'est dans ce dernier but, du reste, qu'Huber avait inventé la ruche à compartiments mobiles, et c'est plus tard qu'on a songé à utiliser ces sortes de ruches pour la pratique et le produit.

Le perfectionnement apporté à l'idée d'Huber,

et qui est un retour à la ruche grecque, a été de
rendre intérieurs les cadres mobiles, en les renfermant dans des compartiments de configurations
diverses. Un grand nombre d'apiculteurs, par
des modifications de détail, ont attaché leurs noms
à ces ruches : Tels sont, en Allemagne, le baron de
Berlepsh ; et en France, de Beauvoys, qui préco-
nisa auprès des diverses Sociétés apicoles sa ruche
à cadres mobiles verticaux, plusieurs fois modifiée
par lui. Les ruches à rayons mobiles jouissent

FIG. 22. — Ruche en ogive ou à arcades.

d'une grande faveur aux États-Unis où l'on con-
somme beaucoup de miel de table, dont elles rendent la récolte si aisée ; en outre, la manufactu-
ration en grand de ce genre de ruches et de leurs
organes les met à très-bas prix, leurs prix élevés
étant le principal reproche qu'on puisse leur faire
en France. Une des ruches de ce genre, la plus en
usage chez les Américains, est la ruche de Langs-

troth, plus longue que haute, se composant tantôt
d'une seule partie, tantôt de deux parties superposées, et disposée de manière à recevoir des
boîtes-chapiteaux, qui préviennent l'essaimage
naturel et agrandissent le logement des Abeilles au
moment de la miellée. Les cadres sont simples et
s'enlèvent par le haut ; les boîtes-chapiteaux peuvent recevoir ou non des cadres.

Il est évident qu'en perfectionnant de plus en
plus la maison des Abeilles au profit de toutes les
manipulations apicoles possibles, on diminue la
simplicité et le bon marché de l'appareil. Telle est
la ruche à cadres mobiles intérieurs et à rails de
Favarger, imitée en Italie par Fumagalli. Dans le
modèle que nous figurons (1) il y a trois compartiments ou tiroirs porte-cadres, qu'on peut sortir
ou rentrer à volonté, en les faisant glisser sur des
bandes de fer minces, véritables rails fixés aux
parois latérales. Suivant l'abondance de la production de miel, on enlève ou on ajoute des cadres
dans celui des tiroirs où cela est nécessaire.

C'est surtout au moyen des ruches à rayons mobiles qu'on prépare dans des boîtes élégantes,
placées dans les cadres mobiles, des rayons de
miel construits par les insectes obéissants et qui
seront servis sur les tables, et que les apiculteurs intelligents exécutent pour les expositions, au grand
plaisir des curieux, ces jolis tours qui consistent

---

(1) Les figures de ruches qui accompagnent ces descriptions
sont tirées du *Cours pratique d'apiculture* de M. Hamet, 4ᵉ édit.
Nous lui adressons les remercîments des éditeurs et les nôtres.

en lettres ou arabesques remplies d'alvéoles par les Abeilles elles-mêmes. En outre, ces ruches sont excellentes pour l'observation des travaux des Abeilles, et une ruche d'observation est très-nécessaire à joindre à tout rucher bien organisé,

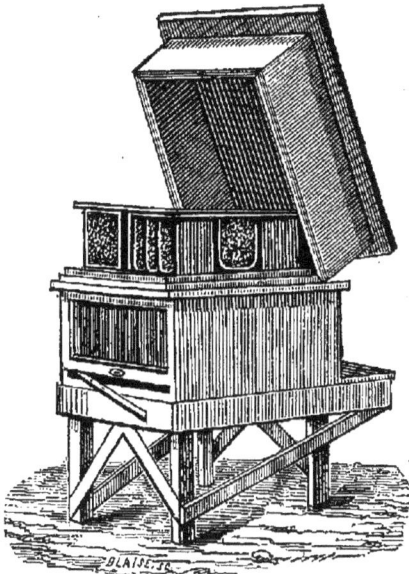

Fig. 23. — Ruche Langstroth.

qu'il soit d'ailleurs dans le système fixiste ou mobiliste. Elle sert d'indicateur pour l'état intérieur des ruches ordinaires, qui se dérobent aux investigations de leur contenu. En outre, la ruche d'observation permet de se procurer aisément du couvain d'ouvrières et de femelles fécondes, quand il s'agit, pour sauver un peuple effaré, de donner

GIRARD. — *Abeilles.*   10

une mère à une ruche qui a perdu la sienne, sans éléments pour la remplacer.

Les ruches à cadres mobiles permettent très-aisément de choisir les rayons à miel, de façon à supprimer tous ceux qui saliraient le miel extrait par du couvain et du pollen, et de supprimer, une fois les mères fécondées, les cellules à couvain de mâles, ceux-ci devenant dès lors des consommateurs inutiles; d'agrandir les ruches à volonté quand la saison se présente favorable, et enfin de fournir des rayons vides en abondance aux Abeilles dans les moments où le nectar abonde. Nous devons dire que cette pratique n'est pas interdite aux fixistes dans les mêmes circonstances. Ils donnent aussi des gâteaux vides aux Abeilles, non plus en détail mais en gros, avec économie de temps. Ils coiffent une ruche ordinaire, percée par le haut d'une autre ruche pleine de rayons vides, dans laquelle les Abeilles emmagasinent aussitôt force miel; ou bien ils renversent sens dessus dessous la ruche pleine, ce qu'on appelle dans le Gâtinais *culbuter une colonie*, et la recouvrent d'une ruche garnie de rayons vides, ce qu'on nomme dans la même contrée une *bâtisse*, dans laquelle les Abeilles se hâtent de déposer leur butin.

Je crois que l'avenir est aux ruches à rayons mobiles, en raison de leurs immenses avantages, mais lorsque, ainsi qu'aux États-Unis, elles seront fabriquées en grand et à très-bon marché, et surtout quand on sera convaincu de l'immense utilité des Abeilles pour la fécondation des fleurs de certaines plantes agraires, et que les ruches devien-

dront un accessoire obligé de la culture, disséminées en grand nombre à travers les champs. Jusqu'ici en France les ruches des mobilistes con-
viennent surtout aux apiculteurs assurés d'une

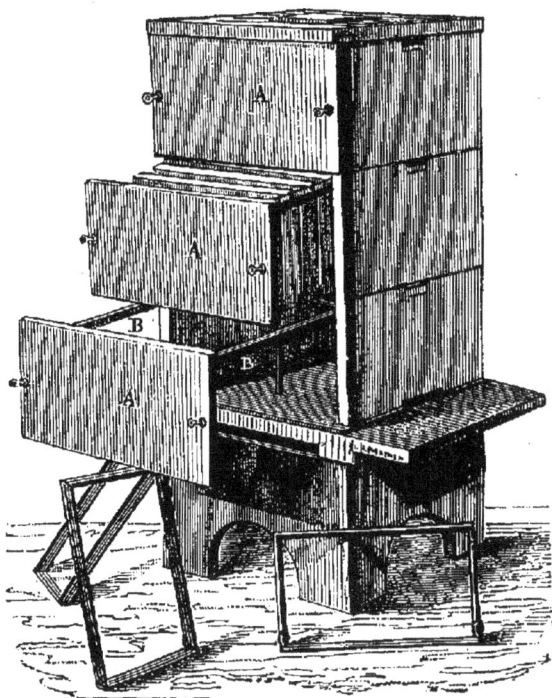

FIG. 24. — Ruche à cadres et à rails.

clientèle bourgeoise, qui peut payer le miel beaucoup plus cher en raison de sa beauté, que ne l'a-
chètera le commerce en gros, surtout avec la con-
currence écrasante des miels du Chili. Ces ruches
sont aussi très-favorables à ceux qui se livrent à
l'éducation et à la vente des mères italiennes,

très-estimées à juste titre, enfin pour les amateurs ayant du loisir et de l'instruction, désireux de suivre de près les travaux de leurs Abeilles, de faire des observations et des expériences. La ruche à rayons mobiles est essentiellement celle qui convient à la maison de campagne, sans l'exclure bien entendu, comme nous l'avons dit plus haut, de la grande pratique à laquelle elle est en droit légitime de prétendre aux conditions indiquées. Actuellement en France elle coûte encore beaucoup plus cher que la ruche fixe commune, en raison surtout de cet outillage détaillé dans lequel l'amateur se complaît en général, tandis que le praticien se montre d'une véritable avarice à cet égard. Les salaires sont devenus énormes dans nos campagnes, et les paysans apiphiles savent qu'ils ne peuvent opérer la culture des Abeilles qu'à leurs moments perdus, aux moindres prix de revient des ruches et des ustensiles de récolte du miel et de la cire, certains de perdre s'ils sont forcés de payer des soins mercenaires. Il faut bien remarquer que nos paysans du Gâtinais, qui n'ont pas abandonné les ruches fixes, sont cependant assez intelligents pour adopter les instruments aratoires perfectionnés, dont le prix élevé est compensé au delà par la diminution de la main-d'œuvre ou l'exécution d'un plus grand travail. C'est à cela que doivent tendre les partisans du mobilisme, ce qu'ils doivent se hâter de réaliser et de démontrer par une propagande active.

Il me paraît utile de terminer cette étude succincte des ruches par quelques mots sur les ruches de la Russie, qui formaient, comme nouveauté apicole pour nous, la plus intéressante partie de l'exposition d'apiculture à l'exposition universelle de Paris, en 1867 (1). L'apiculture, favorisée en Russie par la cherté du sucre et par le nombre considérable de cierges brûlés dans les églises, est une branche de l'agriculture des plus lucratives pour les petites bourses. Le foyer principal de l'éducation des Abeilles est la Petite Russie et le nord de la Russie méridionale ; on y compte de quatre à cinq cent mille ruches par chaque gouvernement. Dans ces contrées, les champs arables et les prairies sont constamment entrecoupés par de petites forêts contenant les essences suivantes : tilleul, érable, chêne, frêne, orme, cerisier-mahalep, poirier et pommier sauvages, bouleau, aune, peuplier, sorbier, viorne, aubépine; dans les champs, de même que dans les bois, les plantes herbacées sont très-variées et successivement en fleurs pendant toute la durée de la belle saison. Les Abeilles recherchent beaucoup le tilleul, la vipérine, les Borraginées, le sarrasin cultivé pour la nourriture de l'homme et qu'on sème à leur intention à différentes époques.

Les plus grandes ruches russes étaient les ruches du système mobiliste Prokopovitch, de plus de 1 mètre de haut sous le toit, en forme de prisme

(1) Maurice Girard, *Les Insectes utiles et les Insectes nuisibles à l'Exposition de* 1867 ; extrait du volume *La production animale et végétale à l'Exposition de* 1867, publié par la Société d'acclimatation.

rectangle de 50 centimètres environ de large. On les construit en bois ou en paille, avec des parois très-épaisses : celles de paille de 4 centimètres, celles de bois à peu près de même. Cette grande épaisseur de parois est générale pour toutes les ruches de Russie, soit fixes, soit à rayons mobiles, et cette précaution est motivée par le climat rigoureux de ce pays ; ces ruches peuvent très-bien convenir au midi de l'Europe et à l'Algérie, par la raison opposée, car elles préservent à la fois les Abeilles contre le refroidissement nocturne et l'insolation. Elles semblent au dehors offrir quatre étages, mais les trois supérieurs seulement ont sur une face des portes d'Abeilles ; celui du bas est un nourrisseur où l'on peut mettre du miel dans les hivers doux. Trois volets s'ouvrent sur les trois divisions du haut, ayant chacune des rangées de cadres verticaux mobiles et communiquant entre elles. Chaque année on enlève un des étages de gâteaux et on le remplace par des cadres vides, de sorte que la récolte complète du miel dure trois ans et qu'on n'est jamais obligé de tuer les insectes. Alors on renverse la ruche de la base au sommet et **on** recommence une rotation triennale. Ces ruches énormes étaient, à l'Exposition de 1867, remplies de miel depuis le haut jusqu'en bas. Dans notre pays à cultures morcelées, les Abeilles ne trouveraient pas assez de nourriture pour développer des colonies approvisionnant d'aussi vastes demeures. Ces ruches sont appropriées à une flore mellifère très-développée sur les lisières des grandes forêts ; la Russie et la

Pologne fournissent au commerce des quantités considérables de miel.

On a imaginé d'empêcher la rentrée des faux-bourdons dans les ruches quand la fécondation de la reine est opérée, afin d'éviter une consommation inutile de miel. On place aux entrées des grilles de fil de métal assez larges pour laisser entrer et sortir les ouvrières, mais refusant le passage aux bourdons trop gros. Seulement ceux-ci s'amassent à l'entrée et gênent les ouvrières. On peut alors, comme l'a indiqué le frère Albéric, placer à la porte une *bourdonnière* ou boîte retenant prisonniers, par un jeu de soupapes, les faux-bourdons seuls, qui tentent de regagner la ruche, et on les met à mort à la fin de la journée.

CHAPITRE IX

Des essaims artificiels.

Ainsi que nous l'avons annoncé, les principes généraux que nous venons de formuler au sujet des ruches nous permettent d'indiquer les meilleures méthodes pour la formation des essaims artificiels, et le parti le plus avantageux à en tirer afin d'améliorer le rucher sous le rapport d'une exploitation réglée et fructueuse. Comme nous savons, l'essaimage artificiel doit servir à empêcher l'essaimage naturel, qui est souvent une cause d'affaiblissement pour les ruches.

La première méthode, due à M. Vignole, quoique spécialement destinée aux ruches fixes, peut aussi s'appliquer aux autres. Il ne faut pas attendre, pour l'appliquer, le couvain de mâles succédant au premier couvain d'ouvrières, ni le couvain de mères. Il faut opérer avant que la ponte d'ouvrières touche à sa fin; de cette manière on restreint beaucoup, si même on ne la supprime pas, la production des mâles, êtres parasites et inutiles, et à leur place on fait naître des ouvrières utiles; en outre, l'époque désignée se trouve être celle de la grande floraison, la plus propice pour augmenter rapidement les populations des ruches.

Afin de simplifier l'explication de cette méthode, nous supposerons que le rucher n'est composé que de deux très-fortes colonies, que nous désignerons par A et B. Nous retirerons de A un essaim artificiel comme il suit, par le procédé habituel à une ruche ordinaire d'une seule pièce (sans calotte ni hausse). Après avoir enfumé cette ruche, on la retourne et on la place, par exemple, dans un tabouret renversé. Sur cette ruche on en met une vide de même diamètre. Afin que les Abeilles ne puissent s'échapper, on entoure la jointure d'un linge, puis, en tapotant avec deux baguettes et de bas en haut la ruche renversée, on oblige la plupart des insectes à passer dans la ruche vide supérieure. Si l'on veut s'assurer de la présence de la mère parmi les Abeilles transvasées, on doit poser pendant un moment la ruche supérieure détachée de l'autre sur une étoffe noire, et, au bout de quelques minutes, on verra des œufs de mère en petits points blancs sur le linge ; c'est le signe que l'opération d'essaimage artificiel a réussi. L'ancienne ruche n'a plus dès lors que peu d'Abeilles, mais, grâce au couvain de tout âge dont elle est munie, remplacera au bout de quelque temps la mère perdue.

L'essaim artificiel, que nous nommerons E_1, sera mis à la place de la ruche mère A d'où il provient, et à son tour la ruche A prendra la place de la forte colonie B, qui devra être transportée un peu plus loin dans le rucher. Primitivement on avait :

A, B.

On a maintenant

$$E^1 \quad A.\ldots\ldots B.$$

On doit remarquer que l'essaim E^1 sera très-populeux, parce que, étant mis à la place de sa souche, il reçoit toutes les Abeilles de celle-ci qui reviennent des champs, et, à son tour, la souche mère A se trouve repeuplée par les Abeilles de la colonie B, qui étaient absentes lors du déplacement de celle-ci ; en outre, cette souche A, qui n'a plus de mère, mais du couvain de tout âge pour en créer une nouvelle, s'occupe activement de la construction d'alvéoles maternels artificiels.

Treize jours après cette première opération, on retire de la souche A un second essaim artificiel que nous désignerons par E_2, et cet essaim est mis à la place de la ruche A, cette dernière prenant la place de la ruche B.

Après la première opération, le rucher se composait de :

$$E_1, \quad A.\ldots\ldots B;$$

actuellement on a :

$$E_1, \quad E_2.\ldots\ldots : A.\ldots\ldots B.$$

Huit jours après avoir pris le second essaim E^2, la souche A_1, de laquelle on a retiré successivement deux essaims, n'a plus de couvain et se trouve dès lors bonne à récolter entièrement. On en chasse le reste des Abeilles, qui sont utilisées, par exemple, à fortifier une colonie faible. Si l'on désire augmenter son rucher, on conserve la ruche B. Dans le cas contraire, on la récolte.

Enfin, l'année suivante, on recommence les mêmes opérations sur les essaims E_1 et E_2, devenus des souches.

Une autre bonne méthode d'essaimage artificiel s'applique aux ruches à rayons mobiles, quand on possède un certain nombre de colonies. On prend à une forte colonie deux rayons chargés d'Abeilles et contenant du couvain de tout âge, après les avoir examinés avec soin pour rendre la mère à la colonie, si elle se trouvait sur un des rayons. On place ces deux rayons au milieu d'une ruche vide d'Abeilles, contenant six cadres garnis de rayons, puis on met cette ruche à la place de celle qui a fourni les deux rayons, et on place cette dernière où l'on voudra dans le rucher.

Sept jours après, on ouvre la ruche où est l'essaim. Il possèdera des alvéoles maternels qu'il faut compter, et qui seront plus ou moins nombreux, suivant la force de la colonie, accrue par les Abeilles de retour de l'ancienne ruche. Supposons, par exemple, qu'il y en ait huit; parmi ces huit, il pourra s'en trouver qui se touchent presque, et qu'il ne serait pas possible d'enlever séparément; on les comptera pour un. Nous en laisserons deux dans la colonie et nous en utiliserons six à former six essaims artificiels.

On prend successivement à six fortes colonies, de chacune desquelles on veut retirer un essaim, deux rayons de couvain de tout âge chargé d'Abeilles, en ayant soin de ne pas enlever de mères, et on place ces rayons deux à deux dans six ruches sans Abeilles, contenant chacune environ six cadres garnis de rayons. On les ferme et on transporte ces essaims à la place des six colonies qui ont fourni les rayons, ces dernières recevant une autre position dans le rucher ; ces changements de situation ont pour but de fortifier les essaims par les Abeilles de retour des anciennes ruches.

Deux jours après cette opération (neuvième jour à partir de celui où on a formé le premier essaim), on ouvre la ruche du premier essaim qui possède les alvéoles maternels, et, à l'aide d'un couteau à lame mince et bien affilée, on coupe des morceaux de rayon de forme triangulaire, de façon qu'au milieu de chaque triangle se trouve un alvéole, en faisant les triangles un peu grands, de crainte de toucher aux alvéoles, et en laissant ensemble deux alvéoles sur un même triangle, s'il y en a deux inséparables. On met les greffes à alvéoles dans une boîte, qu'on a soin de manier délicatement, afin de ne pas les froisser ni leur donner des secousses nuisibles aux larves. On ouvre ensuite chacun des six essaims, et, vers le haut d'un des deux cadres de couvain et au milieu de celui-ci, on pratique des trous triangulaires et on insère dans chacun d'eux un triangle à alvéole de mère. En replaçant le rayon porteur de la greffe maternelle on a soin d'écarter celui qui est à côté, afin que l'alvéole de mère, qui naturellement fait saillie, ne touche pas le rayon voisin. Il ne restera plus qu'à voir postérieurement si les mères nées dans les essaims ont pondu.

CHAPITRE X

Étude physique et chimique des substances récoltées par les Abeilles (nectar, pollen, propolis), et des substances produites (miel et cire). — Des plantes mellifères. — Extraction industrielle du miel et de la cire.

Les substances recueillies au dehors par les Abeilles qui butinent sur les végétaux sont au nombre de trois : le nectar, le pollen et la propolis.

Dans presque toutes les fleurs, et surtout dans celles dont la fécondation exige absolument le concours des insectes, on trouve des organes qui sécrètent un liquide sucré, le nectar.

Ces organes ou *nectaires* sont placés le plus souvent au fond des fleurs, parfois dans des pétales ou des sépales prolongés en cornet, ou bien forment un verticille spécial de feuilles transformées. Le nectar est surtout abondant par un temps doux, quelque peu humide; un temps froid et sec, avec bise ou vent du nord, est contraire à sa sécrétion. Après les pluies qui ont détrempé le sol, les fleurs ne donnent plus de nectar, sauf des fleurs inclinées, comme la bourrache, la guimauve, etc. Dans les années humides les Abeilles ramassent plus de nectar sur les hauteurs que dans les années sèches. On est certain qu'elles rencontrent beaucoup de nectar lorsque le mouvement de sortie de la ruche et d'entrée est aussi actif à cinq ou six heures du soir qu'à midi. Une forte odeur de miel autour du rucher, un bruissement intérieur vigoureux, qu'on entend surtout le soir dans les essaims de l'année, sont encore des indices certains d'une ample récolte de nectar. Un moyen simple et curieux de constater l'abondance du nectar recueilli, c'est de placer une planche inclinée devant l'entrée de la ruche, du plateau au sol, en supposant une ruche élevée au moins à 30 centimètres, pour éviter l'humidité. Plus les Abeilles qui rentrent tomberont alourdies loin de l'entrée, et resteront longtemps comme essoufflées avant de reprendre le vol pour gagner l'ouverture de la ruche, plus la récolte sera forte.

Le nectar des fleurs paraît à peu près identique à lui-même, quelle que soit l'espèce végétale dont il provient. C'est un liquide limpide, incolore, un peu plus dense que l'eau, tout à fait neutre aux réactifs, sans précipitation par l'oxalate d'ammoniaque, l'azotate d'argent, le sous-acétate de plomb, les eaux de baryte et de chaux. D'après les nombreuses analyses de Braconnot, il renferme beaucoup d'eau, environ 77 pour 100, et parties à peu près égales de sucre incristallisable et de saccharose ou sucre de canne cristallisable. C'est ce dernier qui donne des cristaux quand on abandonne le nectar à l'évaporation à l'air libre, ce qu'on voit notamment très-bien sur le nectar abondant qu'on peut faire couler des fleurs de *fuchsia ;* ce fait a parfois été invoqué à tort comme une dé-

monstration d'identité du nectar et du miel, quand
ce dernier granule par solidification du glucose
qu'il renferme. Braconnot n'a trouvé dans le nectar ni gomme, ni mannite, ni glucose libre.

On doit rattacher au nectar des sécrétions sucrées végétales que lèchent volontiers les Abeilles,
et que les apiculteurs nomment *miellée* ou *miel-
lat*, et diverses *mannes* qui sont également des
exsudations végétales ; au printemps les tiges des
vesces d'hiver, les feuilles de chêne vert, de trem-
ble, de saule, d'épicéa, etc., laissent couler la
miellée ; les mélèzes et les frênes produisent des
mannes, ces dernières, a-t-on prétendu, sous la
succion des larves de cigales, des *échinops* (composées) d'Orient par la piqûre de certains insectes ;
des sèves sucrées sortent aussi des érables des
États-Unis et des palmiers à sucre des îles Malai-
ses. Enfin les Abeilles recherchent aussi, comme
les Fourmis, les sécrétions sucrées de beaucoup
d'Aphidiens.

Une autre substance emmagasinée dans les alvéoles des gâteaux est le *pollen*, ou granules fécon-
dants mâles, contenus dans les sacs polliniques
des anthères, plus ou moins visqueux par une
matière cireuse qui les enduit, tout à fait secs
dans les Urticées, Graminées et Cypéracées, plantes sur lesquelles ne butinent pas les Abeilles. Les
grains de pollen, de forme très-variée, sont le
plus souvent jaunes, mais parfois blancs, rouges,
bronzés, noirs, etc. Les grains et leur matière agglutinante sont recueillis en pelotes sur la corbeille des jambes postérieures, et l'Abeille qui les

porte frotte ses pattes l'une contre l'autre et contre les parois des alvéoles où elle les dépose.

La récolte et le dépôt du pollen s'observent très-bien au premier printemps, quand les Abeilles, à demi engourdies par le froid, ont des mouvements lents. Les alvéoles à pollen sont toujours d'ouvrières et non de faux-bourdons et les plus rapprochées du couvain, à qui le pollen est indispensable. L'Abeille récolte le pollen des mêmes fleurs, car les boulettes rapportées sont toujours de la même couleur; on assure qu'il en est de même pour le nectar, de sorte qu'il ne serait pas exact de dire, avec les poëtes, que les Abeilles butinent de fleur en fleur, car, au moins pendant quelques heures, elles restent fidèles à l'espèce de fleurs qu'elles ont choisie le matin. Elles amassent beaucoup plus de pollen au printemps qu'en été, et cet approvisionnement n'est pas subordonné à celui du miel, dégorgé dans les cellules, et auquel doit être mêlé le pollen pour former la pâtée des larves. Qu'on donne en été, alors qu'il y a très-peu de nectar, une abondante nourriture à une ruche au moyen de miel étranger, afin de forcer la production du couvain, aussitôt les insectes savent retrouver et rapporter du pollen. Il est très-visible dans les gâteaux, car les cellules à pollen ne sont pas operculées, sauf quand il y a dépôt de miel au-dessus d'un fond de pollen.

La composition chimique des grains de pollen offre d'abord une cire extérieure, agglutinante, analogue à celle de diverses cires végétales. A l'intérieur des grains sont une matière grasse hydrocarbonée, une huile grasse hydrocarbonée, visibles en gouttelettes au microscope, de l'amidon, bleuissant par l'eau iodée, un protoplasma visqueux, quaternaire, azoté. Le mélange d'amidon et de matière azotée est, comme on sait, la partie essentielle de l'alimentation animale, et elle est indispensable pour la croissance des larves. C'est ce que prouve l'existence, à la fin de l'hiver et au commencement du printemps, d'un emmagasinement dans les cellules de substances pulvérulentes, que les apiculteurs nomment *Pollen-surrogat*. Ce sont des farines de Légumineuses (haricots, pois, lentilles) ou de Graminées (seigle, froment) que les Abeilles sorties aux premiers beaux jours ont su trouver au dehors, alors que les fleurs ne sont pas encore épanouies, par exemple dans les rebuts et balayures de meunerie. Il est bon de leur présenter, au sortir des froids de l'hiver, des farines sèches à quelque distance du rucher. Ce surrogat, contenant un mélange de substances amylacée et azotée, donne aux Abeilles le moyen de commencer le couvain plus vite, et de renforcer les populations. Elles délaissent les farines dès que les fleurs fournissent du pollen, qui leur convient mieux.

On appelle *pollen-rouget*, d'après sa couleur, du pollen ancien, un peu altéré par l'humidité à sa surface, car il est presque toujours dans le bas de la ruche. Les Abeilles savent l'utiliser au printemps, et il est inutile de le leur retirer ; mais il est une autre espèce de pollen avarié qui ressemble à du plâtre durci. Celui-là est impropre à nourrir lè couvain, et il faut le retirer s'il est abondant.

La *propolis* est une substance d'origine végétale très-variée, en général tenace et visqueuse, brune ou d'un gris jaunâtre, d'ordinaire exhalant par la chaleur des doigts qui la pressent une odeur aromatique rappelant un peu celle du benjoin. La propolis, dure à froid, se ramollit quand on la chauffe et donne, en se boursouflant à la façon des résines, des vapeurs blanches odorantes si on la projette sur des charbons ardents. L'alcool la dissout en partie et se colore en rouge brun, et le résidu est formé de débris végétaux et de cire en proportion très-variable, et qui souvent est prise aux rayons si la propolis examinée provient des ruches.

La propolis n'est pas mise en réserve dans des alvéoles, car elle ne sert pas à l'alimentation du couvain. C'est un mastic employé par les Abeilles pour boucher les fentes de la ruche, afin d'empêcher l'accès de la lumière et de l'air froid, coller sa base au plateau dans les ruches ordinaires, et aussi pour enduire les cadavres des animaux qui se sont introduits dans la ruche, lorsqu'ils sont trop gros (limaces, escargots, mulots, sphinx à tête de mort) pour qu'il soit possible aux Abeilles de les expulser. Dans nos contrées la propolis est surtout récoltée sur les bourgeons des peupliers, des bouleaux, des saules, des ormes et aussi de plusieurs arbres verts ; aux grandes altitudes, au-dessus de la région des sapins, les Abeilles savent trouver sur les plantes basses une propolis abon-

dante et très-aromatique. Parfois elle paraît formée
de débris de fleurs comme d'enveloppes d'anthères. On comprend que des substances différentes serviront de propolis aux Abeilles intro-
duites dans les régions où la flore est autre que
chez nous. L'Abeille charrie la propolis comme le
pollen dans les corbeilles des pattes de la troisième
paire. On voit assez aisément au vol si l'insecte
porte la propolis ou le pollen; les pelotes de la
première sont un peu luisantes; celles du pollen
mates et très-friables. Si près du rucher on abandonne au soleil de vieilles ruches de paille dont
les rainures internes sont couvertes d'une épaisse
couche de propolis, les Abeilles ne tardent pas à
les visiter, et on peut voir avec quelle célérité et
quelle adresse elles savent arracher cette résine
avec les mandibules et la faire passer sur les corbeilles.

Les substances produites par les Abeilles à l'intérieur des ruches sont le résultat modifié de celles
qui ont été récoltées au dehors; ce sont le miel et
la cire.

Si les apiculteurs regardent, en général, le miel
emmagasiné dans la ruche comme identique au
nectar des fleurs, cela tient à l'absence de leurs
connaissances chimiques, et surtout de toute no-
tion sur l'existence des composés isomères. L'élaboration dans le tube digestif des Abeilles devient
évidente si on considère que les Abeilles alimentées
exclusivement au sucre blanc (Bosc) ou à la cassonade (Huber) ou, comme d'ordinaire, au sirop de
sucre, produisent cependant du miel, analogue si-

non identique, à celui qui provient de l'ingestion
intérieure du nectar, et contenant un sucre incristallisable, comme le sucre interverti produit par
l'action des acides étendus sur le saccharose. Les
Bourdons et les Mélipones, bien que puisant le
nectar dans les mêmes fleurs, ne donnent pas le
même miel que l'*Apis mellifica;* ces insectes ont
des miels très-fluides, très-difficilement granula-
bles, et en outre trop aqueux par une moindre
évaporation dans des nids moins chauds que nos
ruches. La plupart des beaux rayons de miel blanc
exposés à Paris, chez divers marchands, sont des
miels de sucre provenant de ruchers établis dans
les quartiers excentriques de la ville ou de sa plus
proche banlieue, et dont les insectes, faute de
fleurs, se nourrissent uniquement dans les résidus
des raffineries de sucre et des confiseries; ce miel
de table, comme on le comprend, est sans arome.
On fait remplir aux Abeilles des calottes de ce
miel qui a l'avantage de rester liquide à peu près
indéfiniment. Les raffineurs parisiens éprouvaient
un déchet énorme par le fait des ruchers voisins,
et ont été obligés d'établir des grillages très-serrés
pour empêcher l'accès des Abeilles à l'intérieur.
Quand ce miel de sucre n'est pas réservé pour
être mangé en rayons, mais extrait et mis en pots,
les marchands ont l'habitude de l'aromatiser en le
mélangeant avec un peu de miel très-parfumé du
midi ou des montagnes.

Quand il n'est pas dû à un nourrissement artificiel au sirop de sucre, le miel provient du nectar
ou de la miellée; c'est un mélange, en proportions

variables, d'un certain nombre de composés orga-
niques définis, étendus d'eau.

Une première dissemblance entre le miel et le
nectar, c'est la proportion d'eau beaucoup moindre dans le premier, où elle ne s'élève qu'à environ huit centièmes ; une évaporation considérable
par la chaleur de la ruche a dû se produire dans
le nectar dégorgé et modifié par les Abeilles, et
aussi par la chaleur propre de l'insecte. Ce n'est
que lorsque le miel a subi une concentration suffisante que les Abeilles operculent leurs cellules.
Il est probable qu'une partie de l'eau du nectar
est déjà expulsée quand les Abeilles gorgées le rapportent à la ruche. On observe, en effet, quand on
nourrit les Abeilles au sirop de sucre placé à quelque distance des ruches, que la légion d'insectes
qui revient à la ruche rejette de l'eau en l'air
avant d'y rentrer, par un vomissement qui cause
comme une pluie d'eau sous leur vol. Il est probable, d'après ce fait, que la chaleur de la ruche n'a
plus qu'à évaporer l'excès d'eau du nectar.

Plusieurs matières sucrées se rencontrent dans
le miel. On y trouve toujours du glucose (ou sucre
de raisin), déviant à droite le plan de polarisation
des rayons lumineux polarisés, cristallisant en
petits grains blancs, compactes et agglomérés
(granulations du miel), du mellose ou sucre de
miel, en proportion analogue, liquide, incristallisable, déviant très-fortement à gauche le plan de
polarisation. Outre ces sucres de présence constante, le miel contient souvent, mais pas toujours,
une petite quantité de saccharose (sucre de canne),

11.

si abondant dans le nectar, et qui disparaît peu à peu avec le temps quand le miel vieillit. Ce sont surtout les miels frais de montagne qui renferment du saccharose et aussi une proportion notable de mannite. Il n'est pas nécessaire de supposer que les Abeilles ont récolté cette substance sur les plantes, car elle a pu se former dans leurs organes digestifs par fermentation visqueuse. Enfin, le miel présente habituellement un acide libre formé dans le corps de l'insecte, et qui a dû très-probablement opérer la transformation du saccharose du nectar en mellose, qui est un sucre analogue au sucre interverti par les acides des chimistes. On a pu, en outre, isoler du miel, au moyen de l'éther, une matière colorante jaune analogue à de la cire (Dumas), et il offre toujours des matières azotées provenant sans doute du pollen. Remarquons que le glucose et la mannite ne se rencontrent pas dans le nectar et sont, au contraire, propres au miel. Quand ce produit est vieux et altéré par un commencement de fermentation, on y constate la présence des acides lactique et acétique.

On a d'habitude admis l'identité du miel avec le nectar des fleurs, d'après ce fait que le miel conserve fidèlement l'arome des fleurs d'où il provient. Il n'y a cependant rien d'extraordinaire à la persistance de ces traces d'essence, qui peut coïncider parfaitement avec la modification des principes fondamentaux. Ne voyons-nous pas, malgré la température élevée de la distillation, les eaux-de-vie de vin conserver ces aromes variés qui font leur réputation ou les décrient, les eaux-de-vie de cidre et de poiré garder les goûts de pomme et de poire, etc.? Les apiculteurs savent récolter du miel parfumé au sainfoin, au trèfle, au réséda, à l'acacia, etc., en plaçant à l'époque voulue une calotte ou une hausse à la ruche fixe, et bien plus aisément au moyen de la ruche à rayons mobiles, en disposant de nouveaux cadres qu'on enlève quand les gâteaux sont remplis du miel désiré. Je m'étonne qu'on n'ait pas encore cherché à obtenir par ce procédé des miels thérapeutiques, en plaçant des ruches près de plantes à propriétés énergiques, rassemblées en nombre suffisant. Quelque chose d'analogue avait été tenté avec succès, à Auteuil (Paris actuellement), par M. Leblond; il nourrissait ses Abeilles avec des sirops de sucre ou de miel, rendus purgatifs par additions convenables, et les rayons remplis par les Abeilles étaient livrés en pharmacie comme purgatif aisé à prendre par les enfants.

Commerson a trouvé qu'à l'île Bourbon les Abeilles donnent un miel qui a le parfum des fleurs de l'*Acacia heterophylla*, ou tamarinier des hauteurs. Biot et de Candolle ont remarqué, le premier aux îles Baléares, le second dans les environs de Narbonne, que le romarin seul donnait au miel de ces deux pays ses qualités supérieures. Le miel des environs de Reggio (royaume de Naples) a le parfum de la fleur de l'oranger; celui du mont Hymette doit le goût exquis qui lui a valu sa juste célébrité aux Labiées qui couvrent cette montagne; celui de la Provence à la lavande, et ceux de Valence et de Cuba à la fleur de l'oranger. C'est l'influence d'une flore plus riche et plus parfumée qui explique cette assertion de Cardan, que le miel des pays chauds est meilleur que celui des pays froids (1).

S'il est des plantes qui permettent aux abeilles de récolter un miel plus suave, il en est d'autres, au contraire, qui lui communiquent des propriétés fâcheuses; ainsi le sarrasin et la bruyère donnent au miel de Bretagne et de beaucoup de pays de l'Allemagne du Nord une coloration foncée et un goût médiocre. Cette influence des fleurs sur le miel peut même aller jusqu'à des actions délétères. Olivier de Serres avait parfaitement reconnu l'influence des plantes sur la qualité du miel, quand il dit que les fleurs de l'orme, du genêt, de l'euphorbe, de l'arbousier et du buis donnent de mauvais miel. Seringe rapporte le fait de deux pâtres suisses qui sont morts empoisonnés pour avoir mangé du miel recueilli par les Abeilles sur les *Aconitum lycothonum* et *napellus*. Labillardière, au rapport de M. Couverchel (2), pense que la ciguë du Levant (*Cocculus suberosus*, de Cand.) communique ses propriétés vénéneuses à certains miels de l'Asie Mineure, qui, bien que sucrés, sont souvent d'un usage très-dangereux. Dans la célèbre Anabase ou Retraite des dix mille, racontant la retraite des soldats grecs, à la solde de Cyrus le Jeune, qui revinrent

(1) Cardan, *De varietate rerum*, cap. XXV.
(2) Couverchel, *Traité des Fruits*, p. 644.

en Grèce après la bataille de Cunaxa, près de Babylone, en traversant toutes les provinces de l'empire d'Artaxerxès, situées sur les bords de la mer Noire, Xénophon, leur chef et leur historien, rapporte (1) que dans la Colchide, après que les barbares eurent pris la fuite : « Les Grecs trouvèrent beaucoup de villages abandonnés et s'y cantonnèrent... Il y avait de nombreuses ruches, et tous les soldats qui mangèrent des gâteaux de miel eurent le transport au cerveau, vomirent, furent purgés, et aucun d'eux ne pouvait se tenir sur ses jambes; ceux qui n'en avaient que goûté avaient l'air de gens ivres; ceux qui en avaient mangé davantage ressemblaient les uns à des furieux, les autres à des mourants. On voyait les soldats étendus sur la terre, comme après une défaite; la même consternation régnait parmi eux. Personne néanmoins n'en mourut, et le transport cessa le lendemain, à peu près à la même heure où il avait pris la veille. Le troisième et le quatrième jour, ils se levèrent fatigués, ainsi que des malades qui ont usé d'un remède violent. » Tournefort, qui visita ces mêmes contrées (2), a reconnu que les faits, rapportés par Xénophon et contestés par quelques auteurs, étaient identiques à ceux qui se présentent encore quelquefois en Mingrélie (l'ancienne Colchide), et qu'on devait attribuer ces accidents à ce que les Abeilles butinaient le nectar des fleurs de l'*Azalea pontica*, et peut-être aussi

(1) Xénophon, Liv. IV, chap. VIII.
(2) Tournefort, *Voyage au Levant*, t. II.

du *Rhododendron ponticum*. B. S. Barton (1) a
observé des phénomènes analogues pour le miel
récolté par les Abeilles sur des plantes de la même
famille, telles que *Kalmia angustifolia, latifolia*
et *hirsuta,* et *Andromeda mariana*. C'est probablement à une cause de ce genre qu'il faut rapporter la mort de ces deux médecins de Rome,
empoisonnés, au dire de Galien (2), avec du miel
dont on leur avait fait cadeau.

Cette action propre et spécifique des fleurs nous
explique comment la saison de la récolte influe
sur le miel dans la proportion où elle influe sur la
flore locale. Ainsi, d'après Bosc et Allaire, les
marchands de pains d'épices de Reims distinguent
très-bien, pour l'usage de leur fabrication, le miel
du printemps provenant des fleurs des saules
marsaults, de celui de l'automne récolté sur le
sarrasin. M. A. Siau (3) a indiqué qu'à Argelès-
sur-Mer le miel de la première récolte (mai) est
roux et peu estimé, car il a été pris sur des Labiées mêlées de beaucoup de Borraginées et
d'*Osyris*, tandis que celui du mois d'août est
blanc, car les Abeilles butinent sur les hautes
prairies (albères), dont la flore est plus exclusivement aromatique ; au contraire, à Rivesaltes, le
miel de la récolte de mai, provenant des cistes et
des Labiées, est blanc et parfumé ; celui de la
récolte d'août, dû aux genêts et à d'autres Légumineuses, est roux et moins beau.

(1) Barton, *Trans. of American Soc. of Philadelphia*, t. V, p. 51.
(2) Galien, *Opera*, lib. I, cap, a.
(3) Siau, *Sur l'industrie abeillère des Pyrénées-Orientales*, 1858,

On comprend, en raison de cette extrême influence des fleurs sur la qualité du miel, que les apiculteurs ont cherché à remplir en toute saison leurs ruches de miel de belle qualité. Un des moyens employés est de faire voyager les Abeilles avec leurs ruches, afin que, lorsque les plantes qui fournissent le meilleur miel dans un endroit ont passé fleur, on puisse les retrouver dans un autre lieu, ou rencontrer des plantes différentes, mais avantageuses. C'est là une pratique bien ancienne, car Columelle dit que les Grecs transportaient chaque année leurs ruches de l'Achaïe dans l'Attique, au moment où la floraison était passée dans la première de ces deux provinces et commençait dans la seconde; leurs Abeilles joussaient donc d'un printemps dont la durée était double, ce qui leur donnait le moyen de faire une double récolte.

La flore des montagnes, avec ses époques graduées suivant l'altitude, permet aisément l'emploi des transports. Dans le Roussillon, on fait voyager les ruches, non par eau, ainsi que les Égyptiens sur le Nil, mais à dos de mulet et de nuit; et, comme il n'y a jamais que quelques lieues à parcourir pour varier de flore selon l'altitude, les inconvénients de ce mode de voyage demeurent très-légers; ces courses des Abeilles dans les montagnes sont tout à fait comparables à celles des troupeaux transhumants. Dans le Gâtinais, les Abeilles récoltent en juin l'abondante provision de leur excellent miel sur les sainfoins; au printemps, elles butinaient sur les safrans, mais seulement pour y prendre du pollen ; et même l'attraction exercée sur elles par ces fleurs est souvent fâcheuse, car elle les excite à sortir trop tôt par des temps froids. Enfin, en automne, en Gâtinais et en Sologne, on porte les ruches sur des chariots à la bruyère des forêts, afin qu'elles puissent se refaire pour passer l'hiver.

Quand on se préoccupe du produit de ses ruches, soit comme qualité, soit comme quantité, il faut examiner avec soin la météorologie, le sol et les cultures du pays où l'on veut placer le rucher. Un pays sec est plus productif qu'un pays humide, parce que les plantes y sont plus riches en nectar et sont, en général, plus odoriférantes. Quand on se trouve dans des contrées à flore naturelle, comme celles de forêts et de prairies de Graminées, c'est surtout au printemps qu'on aura la principale récolte de miel. Dans les contrées à floraisons rapides, dues aux cultures de l'homme, colza, prairies artificielles (Légumineuses), sarrasin, c'est à l'époque de leurs fleurs que le miel abonde. C'est un grand bénéfice pour l'apiculteur quand le pays réunit les deux avantages à la fois ; on a alors pour la récolte le printemps, l'été et même l'automne, et les ruches peuvent ainsi donner des quantités énormes de miel. L'essaimage naturel est l'indice certain de la grande récolte de miel. C'est en raison de la floraison abondante de la bruyère et du sarrasin en automne, que dans quelques contrées (Landes, pour la bruyère ; Bretagne, basse Normandie, Bresse, Sologne, pour le sarrasin) qui donnent des pro-

duits moins parfaits que des localités plus favo-
risées en fleurs parfumées, on s'adonne plus
particulièrement à la culture des Abeilles, la
quantité remplaçant la qualité.

Quand on habite un pays où, sous l'influence
des saisons, la flore change complétement de
caractère, il sera bon de fractionner sa récolte et
d'en faire concorder les époques avec les changements de végétation, de telle sorte qu'on puisse
conserver séparément des miels dont les qualités
ne seront pas identiques. Les calottes, les hausses
et surtout les ruches à rayons mobiles sont très-
avantageuses à cet effet. Il n'est, en conséquence,
rien de plus variable et de plus local que l'époque
de la récolte du miel ; il faut, en général, faire en
sorte que les Abeilles gardent toujours une forte
réserve pour les mauvais jours qui surviennent
de bonne heure dans les années à automne froid
et pluvieux. De cette manière on évitera, au printemps suivant, une forte mortalité, ou le soin et la
dépense d'un nourrissement artificiel.

L'étude des plantes mellifères est encore très-
peu avancée, et cependant, au point de vue scientifique et pratique, ce sujet offre un grand intérêt,
car il suffit d'un petit nombre d'espèces très-
mellifères dans un rayon de 2 ou 3 kilomètres
autour du rucher, pour assurer au cultivateur
d'abondantes récoltes.

Si, sous le rapport du nombre d'espèces fréquentées par les Abeilles, on examine la végétation dans son ensemble, on voit, d'après les cal-
culs du docteur Alefeld, de Darmstadt, que les

Abeilles fréquentent en Allemagne et en Suisse environ mille sept cents plantes phanérogames, c'est-à-dire la moitié du nombre de celles de ces contrées. Mais si on examine comment se distribuent ces plantes à la surface du sol, on reconnaît bientôt que dans un rayon de quelques kilomètres autour d'un rucher pris isolément, la quantité de ces plantes diminue dans une proportion considérable. Ainsi, pour un rayon de six kilomètres autour du rucher du docteur Alefeld, limite extrême du parcours des Abeilles, il n'a plus compté que deux cent cinquante espèces mellifères; M. de Layens n'en a guère compté qu'une cinquantaine dans une région très-cultivée. Par ce dernier exemple on voit combien la culture diminue le nombre des plantes à miel : mais, en compensation, il arrive souvent que des prairies artificielles composées de trèfle, de sainfoin, de luzerne, le colza au printemps et le sarrasin en automne, offrent aux Abeilles une large provende.

Si maintenant on compare les plantes sous le rapport de leur puissance mellifère, on reconnaît qu'il existe entre elles de très-grandes différences. Si tous les phénomènes météorologiques favorables à la production du nectar dans les fleurs se réunissent dans la plus forte proportion, le plus grand nombre d'espèces mellifères fournit simultanément la matière sucrée, et l'on peut alors avoir une indication approximative de la puissance mellifère comparée des espèces, suivant qu'on les observe au même moment, fréquentées par plus ou moins d'Abeilles. M. de Layens a dressé une liste de trente-trois plantes, divisées en cinq groupes, le plus mellifère désigné par le chiffre 5, le moins mellifère par le chiffre 1 : (5) *Pastinaca sativa, Salvia pratensis, Origanum vulgare, Echium vulgare, Trifolium pratense, Melilotus arvensis.* — (4) *Angelica silvestris, Scrophularia aquatica, Mentha rotundifolia, Onobrychis sativa, Verbena officinalis.* — (3) *Cirsium arvense, Lappa tomentosa, Heracleum spondylium, Lotus corniculatus, Gypsophila repens, Centaurea jacea, Taraxacum dens-leonis, Sinapis alba, Lappa minor.* — (2) *Mentha aquatica, Stachys palustris, Brunella vulgaris, Daucus carota, Centaurea paniculata, Stachys recta, Teucrium chamœdrys, Leontodon autumnalis, Cirsium lanceolatum.* — (1) *Eryngium campestre, Polygonum hydropipar, Polygonum aviculare, Eupatorium cannabidum.*

L'étude de la puissance mellifère des plantes permet de constater certains faits curieux : ainsi lorsque les espèces de l'indice 1 donneront du miel, toutes les autres en fournissent aussi; mais l'inverse n'a pas lieu.

On peut dire que la force de la miellée est en raison du nombre de plantes qui donnent du nectar au même moment. A mesure que le nectar diminue dans les fleurs, le nombre des espèces fréquentées par les Abeilles est de plus en plus restreint. Les espèces abandonnées les premières sont celles qui donnent le plus rarement du nectar, et, dans les temps de faible miellée, les Abeilles ne visitent plus que les fleurs

qui fournissent le plus aisément et le plus facilement.

On se tromperait beaucoup si on concluait de
ce qu'une espèce est très-nectarifère, que les autres espèces du même genre botanique le sont également. Ainsi, par exemple, dans les genres *Melilotus*, *Salvia*, *Acer*, *Echium*, etc., toutes ou
presque toutes les espèces sont nectarifères au
même degré, tandis que dans les genres *Mentha*,
Epilobium, *Polygonum*, etc., certaines espèces
ont du nectar au plus haut point, ainsi le sarrasin
(*Polygonum fagopyrum*), tandis que d'autres ne
sont jamais fréquentées par les Abeilles.

Si maintenant on compare entre elles les plantes
nectarifères au même degré, on trouve aussi entre
elles de fortes différences. Ainsi, par exemple,
M. de Layens a remarqué que les *Epilobium*, les
Sedum, les *Sempervivum* et les *Echinops* des Alpes fournissent du nectar, même par les temps
secs, tandis qu'une foule d'autres genres, nectarifères au même degré que les précédents, ne sont
fréquentés par les Abeilles que lorsque le sol est
plus ou moins chargé d'humidité. Enfin, il est
évident que les plantes à floraison successive,
comme les Mélilots, etc., ont beaucoup plus de
chance de fournir un nectar plus abondant que
les autres.

En résumé, pour qu'une espèce mérite les frais
d'une culture à titre de plante nectarifère, il faut
qu'elle remplisse à la fois les conditions suivantes :
sa floraison doit être de longue durée; elle doit
produire du nectar, même par les temps relative-

ment secs, et ce nectar être de bonne qualité ; enfin il faut qu'elle ne soit pas difficile sur la nature du sol, afin que l'apiculteur puisse l'élever dans des terrains sans valeur. On voit donc que si on élimine successivement toutes les espèces qui ne réunissent pas ces conditions, le nombre des plantes recommandables à placer autour du rucher devient fort restreint.

M. G. de Layens a donné (1) une liste des *plantes mellifères vivaces*, ou de celles qui repoussent d'elles-mêmes, qu'il est bon de planter autour du rucher, et qui fleuriront, sans semis annuels, dans les différents mois de l'année :

FÉVRIER, MARS.

Corylus avellana, noisetier.

MARS, AVRIL.

Vinca minor, pervenche (mars, avril, mai). — *Acer oppulifolium*, érable. — *Rosmarinus officinalis*, romarin. — *Pulmonaria officinalis*, pulmonaire. — *Salix capræa, fragilis*, etc., les Saules en général.

AVRIL, MAI.

Pulmonaria tuberosa, pulmonaire tubéreuse. — *Cytisus laburnum*, faux ébénier. — *Bunium carvi*, anis des Vosges. — *Prunus spinosa*, épine noire. — *Populus balsamifera*, baumier.

MAI, JUIN.

Salvia pratensis, sauge sauvage. — *Echium vulgare*, vipérine. — *Cynoglossum officinale*, langue de chien. — *Cynoglossum montanum*. — *Robinia pseudo-acacia*, acacia. — *Medicago lupulina*, houblon. — *Trifolium*

---

(1) De Layens, *Bulletin de la Société d'apiculture de l'Aube* (1er trim. de 1875, p. 366. Nogent-sur-Seine).

montanum, trèfle blanc. — *Ligustrum vulgare*, troëne. — *Pimpinella magna*, anis à grandes feuilles. — *Asphodelus albus*, asphodèle blanc. — *Asphodelus fistulosus.* — *Berberis vulgaris*, épine-vinette. — *Acer platanoïdes*, faux-sycomore. — *Acer campestre*, érable. — *Lonicera caprifolium*, chèvrefeuille des jardins. — *Sorbus terminalis*, alisier. — *Sorbus alia*, cognassier. — *Sorbus aucuparia*, sorbier. — *Cratœgus oxyacantha*, aubépine. — *Cistus umbellatus.* — *Cistus medon.*

JUIN, JUILLET.

Salvia officinalis, sauge officinale. — *Lycium barbatum.* — *Phyteuma orbiculare*, raiponce. — *Phyteuma spicatum.* — *Solidago virga aurea*, verge d'or. — *Cistus ladaniferus.* — *Cistus Monspeliensis.*

JUILLET, AOUT.

Salvia verticillata, sauge verticillée. — *Lavandula spica*, lavande. — *Mentha rotundifolia*, menthe crépue. — *Origanum vulgare*, marjolaine. — *Thymus serpillum*, serpolet. — *Satureia montana*, sarriette des montagnes. — *Melissa officinalis*, mélisse. — *Hyssopus officinalis*, hysope. — *Veronica spicata*, véronique. — *Veronica salicifolia.* — *Veronica virginica.* — *Pastinaca sativa*, panais. — *Echinops ritro.* — *Epilobium spicatum.* — *Epilobium rosmarini-folium.* — *Sempervivum tectorum*, joubarbe des toits. — *Sempervivum montanum.*

AOUT, SEPTEMBRE.

Aster amellus, aster. — *Aster oppositifolius.* — *Aster bellidiastrum.* — *Aster Tripolium* (1). — *Ceratonica silaqua*, caroubier.

Le miel n'est plus considéré aujourd'hui par personne comme un don du ciel (*aerii mellis cœ-*

-----

(1) Cette plante ne vient bien que dans les terrains très-voisins de la mer.

lestia dona, Virg.), comme la salive des astres
(*quædam siderum saliva*, Pline), l'expectoration
des étoiles (*stellarum sputum esse somniant*, Tho-
mas Moufet); tout le monde sait que ce produit d'un
grand commerce est dû uniquement aux Abeilles,
et principalement à l'*Apis mellifica* et *ligustica*.
Les miels du commerce varient de qualité suivant
leur mode de préparation; le miel est d'autant
moins bon qu'on aura employé pour l'extraire
une chaleur plus forte et une compression plus
énergique des gâteaux; par le repos il se débar-
rasse en grande partie des débris de couvain et des
parcelles de cire. Sa couleur est très-variable (1).
Les Orientaux n'apprécient que le miel jaune, pré-
tendant que le blanc n'a pas été assez élaboré par
les Abeilles; au contraire, en France, les miels
les plus blancs sont plus estimés que ceux qui sont
colorés, et les marchands usent de divers procédés
pour leur donner cette blancheur qui leur manque
souvent. Il y a cependant des miels très-colorés
qui sont de première qualité, offrant au plus haut
degré les caractères d'odeur suave et aromatique,
de saveur parfumée et sucrée, de consistance gre-
nue qu'on doit demander au miel. En France,
toutefois, sauf le cas de falsification, la blancheur
du miel est presque toujours le signe d'une bonne
qualité. On doit préférer le miel qui est le plus
nouvellement déposé dans les alvéoles, c'est-à-dire
celui de printemps à celui d'automne; celui des

(1) L. Soubeiran, *Sur les Abeilles et sur le miel* (*Ann. de la
Soc. linnéenne de Maine-et-Loire*, t. IV, Angers).

jeunes essaims est meilleur que celui des vieilles ruches, les gâteaux étant moins souillés de matières étrangères. Nous supposons ici qu'il s'agit du miel des ruches à gâteaux fixes, car avec les ruches à cadres mobile, on peut renouveler le miel des mêmes gâteaux à volonté, et avoir du miel récent avec de vieux rayons.

C'est également à ces ruches et aux anciens procédés d'extraction, encore de beaucoup les plus usités en France, que se rapporte ce qui va suivre.

Les miels du commerce français comprennent plusieurs qualités :

1° Le miel *blanc surfin* ou miel *vierge*, obtenu tel qu'il découle des gâteaux intacts posés sur les claies et exposés au soleil ou soumis à une température très-modérée ;

2° Miel *blanc fin*, provenant des gâteaux brisés et soumis à une chaleur un peu plus forte.

Pour produire ces miels de première qualité on se sert souvent, surtout dans le Calvados, du *mellificateur solaire*. Il est construit sur le principe du châssis employé par les jardiniers pour abriter et chauffer les plantes délicates. C'est une boîte ronde ou carrée surmontée d'une vitre, qui laisse entrer la chaleur lumineuse solaire et retient à l'intérieur la chaleur obscure diffusée, de manière à produire une élévation de température. Au-dessous un canevas de toile métallique reçoit les gâteaux pleins de miel, et celui-ci coule dans une terrine ou dans un vase inférieur, où il se rassemble.

Les autres miels du commerce sont :

3° Miel *jaune* ou *ordinaire*, de qualité inférieure,

dû à la pression, contenant toujours de la cire, et d'autant plus que la pression a été plus forte ;

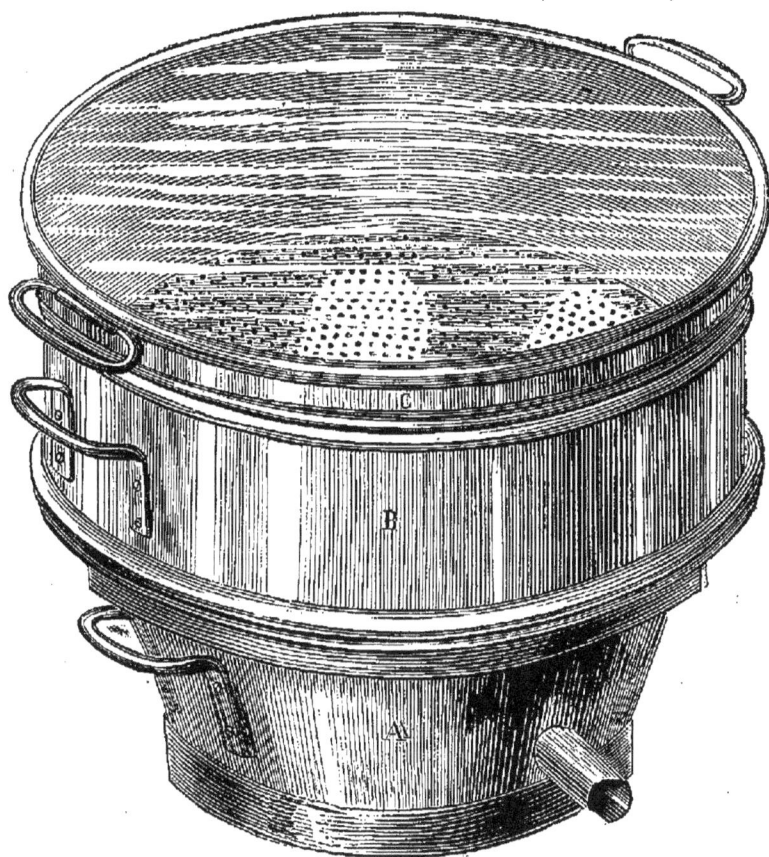

FIG. 25. — Mellificateur solaire portatif.

4° Miel *brun* ou *roux*, toujours chargé d'impuretés et provenant de la dernière pression.

Avec les nouveaux extracteurs à force centrifuge, on a l'avantage de n'obtenir que les miels de première qualité, surfin et fin, puisqu'on n'exerce pas sur les gâteaux une compression de nature à amener un mélange de cire. Les partisans de ces extracteurs assurent que les pharmaciens ont reconnu, en comparant les miels de l'ancien système et ceux du nouveau, qu'il y a une différence énorme dans les résidus qu'ils présentent, 1 1/2 pour 100 avec les machines à force centrifuge, et 12 pour 100 pour les autres, même pour les miels fin et surfin.

Les *mello-extracteurs*, destinés à extraire le miel des cellules désoperculées des cadres mobiles, sans briser et détruire ceux-ci qui doivent être rendus aux abeilles, sont fondés sur le principe des essoreuses ou hydro-extracteurs à force centrifuge. Ce sont des tambours circulaires, en fer blanc ou en bois, contenant à l'intérieur une lanterne polygonale ouverte, portant autant de cadres qu'elle a de côtés, ceux-ci maintenus extérieurement par un léger grillage ou un filet. L'arbre tournant vertical, placé au centre et qui porte la lanterne, est mis en mouvement avec des systèmes de transmission variables. Par une rotation suffisamment accélérée, la force centrifuge chasse le miel des cellules ouvertes, et le projette sur les parois du tambour. Ce miel tombe au fond et coule au dehors par une issue ménagée au bas. Les faces des rayons placés à l'extérieur du polygone étant vidées, on retourne ceux-ci, afin d'opérer l'extraction sur l'autre face.

Nous représentons (fig. 26) un mello-extracteur allemand, où la rotation s'opère par une courroie de transmission en 8, et (fig. 27) un mello-extrac-

FIG. 26. — Mello-extracteur allemand.

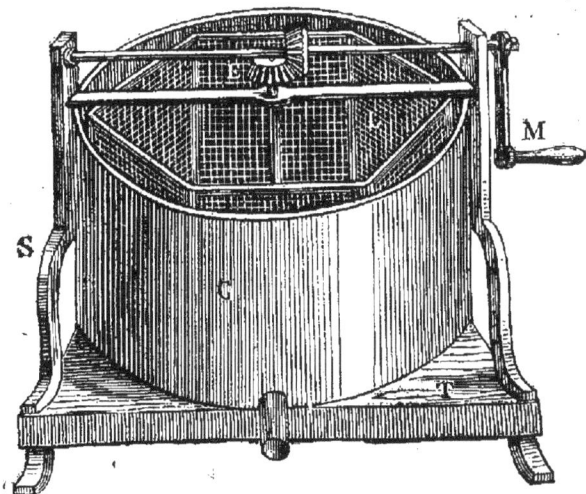

FIG. 27. -- Mello-extracteur Faure.

teur présenté par M. Faure-Pommier, de Brioude,
à l'Exposition des insectes de 1872; dans ce dernier la rotation s'opère par une manivelle agissant
sur une roue d'angle.

D'après les provenances on distingue en France :

1° Le *miel de Narbonne*, très-blanc, grenu, odo-
riférant, à saveur aromatique très-prononcée, due à
ce que les Abeilles le récoltent presque en totalité
sur des plantes très-odorantes, telles que lavande,
romarin, etc. On désigne sous ce nom tout le
miel produit dans le Roussillon; son goût très-
aromatique fait qu'il n'est pas toujours recherché
à Paris autant qu'il mériterait de l'être; un miel
voisin de celui-ci, mais encore plus aromatisé, est
celui de Provence, ainsi des environs de Grasse,
où il est dit aux *mille-fleurs*, avec des arômes de
fleurs d'oranger, de thym, d'olivier, de genêt, etc.,
suivant la saison, et un arrière-goût de figue. Dans
les années pluvieuses on s'en sert pour donner,
par un léger mélange, un bouquet parfumé aux
miels du Gâtinais;

2° Le *miel du Gâtinais*, le plus employé à Paris,
moins aromatique que le miel de Narbonne, quelquefois moins blanc; c'est du miel de sainfoin et
de trèfle. Les qualités inférieures sont d'un jaune
plus ou moins citrin, se durcissent moins que le miel
de Narbonne et entrent aisément en fermentation;

3° Le *miel de Normandie* ou *miel d'Argences*,
analogue aux bonnes qualités de Narbonne et du
Gâtinais; ce miel, presque exclusivement réservé
pour la table, se vend en petits pots de grès dits
canettes;

4° Le *miel de Bretagne*, qui se récolte aussi dans d'autres contrées; plus ou moins rouge, toujours de qualité commune, devant son goût et son odeur particuliers au sarrasin (*Polygonum fago-pyrum*), dont les Abeilles butinent le nectar. Il est très-recherché pour la fabrication de certains pains d'épice.

Pour conserver le miel on doit le tenir dans des barils ou vases de terre qu'on place dans des lieux où la température reste toujours assez basse; on évite ainsi la fermentation qui altère beaucoup la qualité du miel. Afin que le produit garde sa belle apparence, les marchands de miel prennent la précaution de le laisser dans les vases où il s'est solidifié, car en le transvasant on détruit l'arrangement pris par les molécules en granulant et se concrétant, et il s'endommage beaucoup plus vite.

Le miel a été l'objet de fraudes nombreuses destinées à lui donner l'apparence de diverses qualités, notamment de la blancheur dont il manque souvent. C'est ainsi qu'on y a mêlé de l'amidon, de la craie, du blanc de Briançon (stéatite, prétendue poudre de savon des bottiers et gantiers). Le défaut de solubilité de ces substances permet de découvrir facilement leur adjonction, qui se pratique depuis longtemps, puisque Cardan, au XVIᵉ siècle (1), indique la farine de millet comme une des substances qui servent à falsifier le miel. On ne saurait, sans trop de sévérité, ranger parmi les falsifications le moyen employé par les Juifs de

(1) *De sanitate tuenda*, lib. III, cap. 78.

12.

l'Ukraine pour blanchir le miel, et qui consiste à le laisser exposé à la gelée pendant environ trois semaines, dans des vases opaques et mauvais conducteurs de la chaleur. Ils obtiennent, par ce moyen, un miel entièrement blanc et d'une consistance presque saccharine. Souvent on fait du prétendu miel de Narbonne avec du miel ordinaire qu'on verse sur des branches de romarin; mais les fragments qui restent dans le miel dénoncent facilement la fraude. Un procédé assez grossier, mais contre lequel il est bon d'être en garde, consiste à recouvrir d'une couche de miel de première qualité un baril, qui est rempli aux trois quarts de miel inférieur.

La cire des Abeilles a son origine dans le miel absorbé par ces insectes et transformé en matières grasses par des phénomènes de digestion et de sécrétion. Telle n'était pas l'opinion des anciens auteurs qui, voyant sur un grand nombre de végétaux des sécrétions cireuses, croyaient que les Abeilles se bornaient à récolter la cire toute faite, surtout dans le pollen, se bornant à la pétrir avec leur salive. Mais, après la découverte de la sécrétion sous-abdominale des plaques cireuses, Huber entreprit de rechercher si la cire préexistait dans leurs aliments et ne faisait que traverser leurs corps pour aller s'accumuler dans des poches spéciales, ou bien si elle était créée par ces insectes aux dépens des matières sucrées qu'ils rencontrent dans le nectar des fleurs. Des ruches furent renfermées captives dans une chambre, et les Abeilles nourries exclusivement au miel sans pouvoir récolter au dehors du pollen, l'expérience ayant une durée assez prolongée pour que toute provision préexistante de pollen eût le temps de s'épuiser, et jusqu'à cinq reprises on obtint des gâteaux de cire très-fragiles et d'un blanc parfait ; au contraire les Abeilles nourries exclusivement au pollen ne présentèrent plus de cire sous leurs anneaux. Les mêmes produits, c'est-à-dire des rayons de cire très-blanche construits, furent obtenus avec les insectes exclusivement nourris au sucre, et Bretonneau obtint de pareils résultats.

Ces expériences importantes n'avaient pas reçu le contrôle de l'analyse chimique ; il fallait, en effet, s'assurer de la proportion de matière grasse pouvant se trouver dans le miel alimentaire, et de celle qui existait dans le corps des insectes soumis au régime saccharin, en comparant ces quantités au poids de cire produite ; examiner ensuite si, dans le cours des expériences, les animaux n'avaient pas maigri, car la graisse du corps peut être absorbée et produire les sécrétions comme le font les aliments eux-mêmes. C'est après ces examens préliminaires seulement, qu'on est en droit d'affirmer que la cire est bien réellement formée aux dépens du sucre fourni, ou bien si elle a été recueillie préalablement sur les plantes et tenue en réserve à l'intérieur du corps des insectes, ainsi que cela paraît avoir lieu pour la graisse qui s'accumule en si grande quantité autour des viscères de la plupart des larves, et qui disparaît ensuite dans la période d'abstinence pendant laquelle s'achève la métamorphose complète.

Les expériences furent reprises, d'une manière plus scientifique, par MM. Dumas et Milne Edwards (1). Les abeilles séquestrées et nourries d'abord à la cassonade seule ne donnèrent qu'une quantité de cire trop faible pour qu'on pût tirer une conclusion, mais il n'en fut plus de même par un nourrissement au miel pur. La matière grasse due au miel ou se trouvant déjà dans le corps des Abeilles étant, en moyenne, de $0^{gr},0022$ par ouvrière, la quantité de cire produite dans le cours de l'expérience fut de $0^{gr},0064$, et il resterait encore dans l'intérieur du corps, tant en cire qu'en graisse ordinaire, $0^{gr},0042$, enfin la balance attestait qu'il n'y avait pas eu d'amaigrissement. On peut donc dire que la production de la cire constitue une véritable sécrétion animale, et qu'elle s'opère sous l'influence d'une alimentation formée exclusivement de miel pur.

Du moment qu'il est prouvé que la cire est due aux matières sucrées ingérées par les Abeilles, on s'est préoccupé du rapport de celle-ci au miel, c'est-à-dire du poids de miel nécessaire pour produire, par les fonctions combinées de digestion et de sécrétion, un poids donné de cire. Les nombres de MM. Dumas et Milne Edwards résolvent la question au point de vue scientifique de la transformation du sucre en corps gras, mais non sous le rapport industriel, car des abeilles séquestrées

(1) Dumas et Milne Edwards, *Compt. rend. de l'Acad. des Sc.*, *Note sur la production de la cire des Abeilles*, t. XVII, 1843, p. 531. — *Ann. sc. natur. Zool.*, deuxième série, t. XX, 1843, p. 174, même mémoire.

ne sont pas du tout dans les conditions naturelles
d'animaux vivant en liberté, prenant leur exercice
normal et choisissant leurs aliments. S'il est certain
que ce n'est pas au pollen que les Abeilles em-
pruntent la cire, il n'en est pas moins vrai, comme
l'a reconnu M. de Berlepsh, que ces insectes pouvant butiner librement le pollen font bien plus de
cire, car ils sont plus vigoureux et se portent
mieux ; il estime qu'il faut dix à douze parties de
miel pour fournir une partie de cire. M. Gauri-
chon porte cette quantité à cinq, MM. Collin et
Vignole seulement à trois par les temps les plus
favorables à la grande récolte et les ruches à l'air
libre ; au contraire, d'autres apiculteurs ont porté
ce rapport à vingt-cinq ou trente. Ces énormes
divergences montrent toute la difficulté de la
question ; pour apprécier exactement le rapport du
miel à la cire formée, les observateurs n'ont jamais
tenu compte, entre les ruches mises en expérience,
de la quantité très-variable de couvain élevé, qui
amène une différence dans la consommation du
miel. En outre, la question de température doit
avoir une importance considérable, et exige des
expériences, avec contrôle et élimination des
autres causes, qui n'ont pas encore été faites. La
grande quantité de miel dépensée pour faire la
cire explique cette opinion qui prédomine chez
les mobilistes qu'il faut, comme profit pratique,
sacrifier la cire au miel, bien que celui-ci se vende
beaucoup moins cher, et donner aux Abeilles
des cadres avec rayons de cire vidés de miel, ou
des bâtisses, c'est-à-dire des ruches où il n'y a plus

que des gâteaux sans miel. On les obtient aisément
quand on a des ruches faibles; il est plus profitable d'en chasser les insectes; puis, au lieu de
les tailler, de faire lécher par les abeilles du rucher
le peu de miel resté dans les alvéoles, et d'y jeter
ensuite un fort essaim qui se hâte, sans faire de
cire, de déposer le miel dans les magasins tout
faits qui lui sont offerts.

A la suite des remarquables travaux de MM. Dumas et Milne-Edwards sur la production de la cire,
un entomologiste célèbre (1) reprit la question au
point de vue anatomique. Il a contesté l'existence
de véritables glandes cirières. Il a raison en ce
sens qu'on ne trouve pas de cavités abdominales
profondes, avec le cortége ordinaire des glandes,
mais il a eu tort de ne pas admettre une transsu-
dation cireuse, un suintement du corps gras se
présentant en lamelles ventrales. Il est arrivé à
cette conclusion bizarre que les Abeilles digèrent
les matériaux de la cire, puis les revomissent mo-
difiés et les transportent sur les plaques cirières
abdominales, où ils subiraient seulement un mou-
lage destiné à leur mise en œuvre pour former les
alvéoles des gâteaux. Les exsudations cireuses des
Abeilles, des Mélipones, des Bourdons, sans qu'il y
ait des glandes parfaites sous-jacentes, appartiennent à un ordre de faits très-général chez les Insectes.

---

(1) L. Dufour, *Note anatomique sur la question de la production
de la cire des Abeilles* (*Compt. rend. Acad. des sc.*, 1843, t. XVII,
p. 801-812). — *Nouvelles recherches sur l'anatomie de l'Abeille
et la production de la cire*, même volume, p. 1248-1253. — A la
suite de ces notes, *Observations* de M. Milne Edwards.

Les *Lixus* (*Curculioniens*) et d'autres Coléoptères, soit adultes, soit en larves (*Scymnus*, etc.), laissent suinter des granules ou des filaments cireux. Certaines chrysalides de Lépidoptères se recouvrent d'une pruinosité cireuse blanche. Ce sont surtout les Hémiptères-homoptères, les Lystres, les Phénax, les Fulgores (à un moindre degré), dont l'abdomen sécrète extérieurement de longs filets blancs cireux. Dans les Cocciens, les Lécanides et surtout les Coccides offrent une abondante production de flocons cireux, qui recouvrent les végétaux où vivent ces dangereux parasites. La production de la gomme-laque par un *Coccus* est un phénomène du même genre.

La cire des *Apis mellifica* et *ligustica* fond entre 63° et 64° centigrades, se ramollissant à partir de 35°; sa densité est à peu près celle de l'eau, 0,966. Elle est insoluble dans l'eau, très-soluble dans les graisses et les huiles, la benzine, le sulfure de carbone; par la distillation sèche se produisent plusieurs acides (acétique, palmitique, etc.), un grand nombre de carbures d'hydrogène (paraffine, mélène, etc.), de l'éthylène et de l'acide carbonique, sans acroléine ni acide sébacique. Quand on fait réagir l'acide azotique sur la cire, on voit successivement se produire les acides margarique, pimélique, adipique, lipique, œnanthylique et succinique. Par une lessive concentrée et bouillante de potasse, la cire bien pure se transforme complétement en savons solubles, et dans la saponification par l'oxyde de plomb, on voit qu'il ne se forme pas de glycérine. Sous des influences oxydantes, ainsi en la chauffant avec de la chaux potassée, il se produit un savon d'où on retire de l'acide stéarique, et celui-ci, par une oxydation ultérieure, se convertit en acide margarique. Il n'y a donc, entre les principes de la cire et ceux des corps gras ordinaires, que la différence d'une oxydation plus ou moins avancée.

Purifiée par l'eau bouillante et par l'alcool froid, on trouve dans la cire deux principes immédiats en proportions variables, d'une solubilité très-différente dans l'alcool chaud. L'un est la *cérine* ou *acide cérotique*, de formule $C^{54}H^{54}O^4$, fondant à 70°, soluble dans environ seize parties d'alcool bouillant, de réaction acide très-prononcée sur le papier de tournesol, et cristallisant en petites aiguilles, après refroidissement dans l'alcool; l'autre, presque insoluble dans l'alcool et même l'éther bouillants, est la *myricine*, ou mieux *palmitate de myricyle*, éther composé.

Il y a en outre, dans la cire (1), une petite quantité d'une autre substance, la *céroléine*, très-molle, fondant à 28°,5, très-soluble dans l'alcool et l'éther froids, acide au papier de tournesol.

On est encore mal éclairé sur la matière colorante jaune de la cire qui augmente peu à peu avec le temps et la présence prolongée des Abeilles, car la cire à l'origine est blanche, puis d'un jaune très-pâle. Cette couleur paraît due à des émanations du corps des Abeilles et doit par conséquent

(1) B. Lewy, *Note sur la cire des Abeilles (Compt. rend. Acad. des Sc.*, t. XVI, 1843, p. 675); — *Recherches sur les cires en général (Compt. rend. Acad. des Sc.*, t. XX, 1845, p. 34).

se relier à leur nourriture, dépendre de la nature des sols, de la coloration des pollens, d'une façon analogue à ce qui arrive pour les miels. On a des cires naturelles qui varient du rouge jaunâtre au jaune citron et au jaune verdâtre ; on ne peut expliquer comment une cire colorée, produite dans tel canton et avec du miel butiné sur telle fleur, blanchit facilement au pré, par l'action de l'ozone de la rosée, tandis qu'une cire d'un autre canton, avec du miel d'une autre fleur, est rebelle au blanchiment.

D'après B. Lewy, en comparant la cire blanchie sur le pré avec la cire non blanchie, on trouve que la dernière contient plus de carbone et moins d'oxygène, et que la différence peut aller à 1 pour 100. Il y a quelque chose d'analogue aux analyses comparées des cheveux blonds et des cheveux noirs. La cérine provenant de la cire blanche contient de même plus d'oxygène et moins de carbone que la cérine de la cire non blanchie, tandis que la myricine de l'une ou l'autre provenance reste tout à fait la même.

Le prix élevé de la cire, que rien ne peut remplacer pour certains vernis et qui est la matière obligée des cierges liturgiques, explique les nombreuses falsifications qu'elle subit dans le commerce, en outre de ses imitations plus ou moins réussies par des mélanges de résines et de corps gras.

Si la cire est mêlée de matières grasses, ainsi de suif même en faible quantité, elle donne à la distillation sèche de l'acide sébacique et de l'acro-

léine, si reconnaissable à son odeur (celle de la
friture) ; si l'on étend d'eau les produits de cette
distillation, on obtient avec la solution d'acétate
de plomb un précipité de sébate de plomb. Quand
on soupçonne un mélange d'acide stéarique, on
réduit la cire en grumeaux et on les traite par
l'eau de chaux. Celle-ci donne un trouble granu-
leux de stéarate de chaux, s'il y a falsification,
tandis qu'elle demeure claire avec la cire pure.
L'acide sulfurique, fumant et chaud, charbonne
la cire et n'attaque pas la paraffine qui surnage.
S'il y a incorporation de colophane ou de poix de
Bourgogne, l'alcool à 30° dissout ces matières
résineuses, qu'on en sépare ensuite par évaporation. Enfin, les matières inertes jointes à la cire,
sciure de bois, plâtre, kaolin, terre d'os, farine de
pois, fécule, sont insolubles dans les huiles et la
benzine qui dissolvent la cire.

Depuis quelques années, il y a dans le commerce
des cires minérales, ressemblant par la couleur, la
consistance et la cassure à la cire des Abeilles. Elles
n'ont ni sa densité, ni son point de fusion, et proviennent de la distillation de certains combustibles
fossiles de Hongrie et d'Amérique. Malheureuse-
ment des industriels tentent de faire des mélanges
de vraie cire, de cire minérale et de stéarine, ayant
la même fusibilité et la même densité que le produit de la sécrétion des Abeilles, de manière à
dérouter la plupart des connaisseurs et à permettre des falsifications très-difficiles à déceler.

Les cires minérales ou fossiles ont été longtemps
à peine connues et vaguement indiquées dans les

ouvrages de minéralogie; depuis leur emploi
industriel elles ont été mieux étudiées, et nous
croyons utile de donner quelques caractères phy-
siques et chimiques de nature à aider le commerce des ciriers pour déceler les falsifications.

Les cires minérales sont des hydrocarbures,
souvent mélangés entre eux et voisins des bitumes. Ce sont des substances qui sont souvent
cristallisables, en partie isomères de l'essence de
térébenthine, différant surtout les unes des autres
par la température de fusion. Elles proviennent
fréquemment des arbres résineux enfouis dans les
tourbières, et rarement des lignites ou des forma-
tions houillères.

La principale est l'*ozokérite* ou *ozocérite*, dite
paraffine naturelle. Elle est moins dense que
l'eau, d'un éclat cireux sur sa cassure qui est
conchoïdale dans un sens, et translucide en écailles minces. Sa couleur est d'un vert poireau foncé,
inclinant au brunâtre par réflexion, d'un brun
jaunâtre, d'un jaune de miel ou rouge hyacinthe
par transmission. Sa poussière est d'un blanc
jaunâtre. Elle est tendre, flexible, se laisse couper
comme de la cire, se pétrissant entre les doigts
quand on l'échauffe un peu. Elle dégage une
odeur aromatique et bitumineuse qu'on augmente
par le frottement, et s'électrise négativement à la
friction. Elle est fusible en un liquide huileux,
clair, qui se prend en masse par refroidissement.
Elle brûle avec une flamme éclairante, un peu
fuligineuse. Soluble en entier dans l'essence de
térébenthine et le naphte, plus ou moins dans

l'éther, elle l'est peu dans l'alcool bouillant, d'où la matière se sépare à l'état cristallin, après refroidissement de la liqueur. Elle est inattaquable par l'acide sulfurique.

L'ozocérite a été trouvée dans le Caucase, sur la côte occidentale de la mer Caspienne, en Moldavie, en Transylvanie, dans la Galicie autrichienne, en Moravie, dans le grès houiller à Urpeth, près Newcastle-sur-Tyne, en Angleterre, enfin au Texas. En Moldavie, l'ozocérite est employée directement pour l'éclairage. Elle peut être utilisée pour la fabrication du gaz à éclairage, et on en extrait des bougies transparentes de paraffine. Une fabrique de cette cire, dite *cérésin*, existe à Francfort-sur-l'Oder, et la production dépasse, dit-on, cinquante mille kilogrammes par an. Ce produit purifié est très-employé par les parfumeurs et remplace en pharmacie la cire d'Abeilles, empêchant les médicaments de rancir.

Une substance voisine, encore peu employée, est la *hatchettine* ou *adipocire minérale*, d'un blanc jaunâtre, ou verdâtre, ou brune, d'un éclat nacré, très-tendre, de la consistance de la cire ou du spermacéti. Elle se trouve près de Liége, en Belgique, dans le comté de Glamorgan (pays de Galles), en Angleterre, en Moravie et en Bohême. Elle est à peine attaquée par l'acide azotique, mais complétement carbonisée par l'acide sulfurique, peu soluble dans l'alcool bouillant, peu soluble dans l'éther, en laissant un résidu visqueux et inodore.

Citons encore le *neft-gil*, de l'île Tschelekan,

dans la mer Caspienne, près des sources de
naphte, et la *baïkérite*, des environs du lac Baïkal.
A côté de ces cires fossiles, mais dans les bitumes
proprement dits, on peut mentionner le *kir* et
l'*élatérite*. Cette dernière substance, appelée *bi-
tume élastique, caoutchouc minéral*, offre à peu
près la densité de l'eau. Elle est noire, d'un brun
noirâtre, d'un vert noirâtre, d'un brun rougeâtre,
facile à couper au couteau, élastique comme du
caoutchouc ; on la trouve à Montrelais (département de la Loire-Inférieure), dans le Derbyshire,
en Angleterre, en Écosse près d'Édimbourg, et à
Woodbury, dans le Connecticut (États-Unis). On
peut consulter, pour plus de détails : A. Des Cloi-
zeaux, *Manuel de minéralogie*, II, 1er fasc., 1874,
p. 35 et suiv. (1).

Il existe un grand nombre de cires d'origine
végétale. Les unes, encore bien mal connues,
sont sécrétées par des Hémiptères homoptères,
suçant la séve de diverses plantes ; d'autres proviennent directement d'exsudations de diverses
palmiers principalement. Dans l'intérieur du
Brésil, le *Copernicia cerifera* laisse écouler de
glandes à la surface des feuilles une cire dite de
carnauba, dont la récolte annuelle atteint un
million de kilogrammes, et qui sert, mêlée au
suif, à la fabrication des chandelles. Purifiée et
blanchie, elle est d'un blanc jaunâtre, très-cas-
sante, facile à pulvériser, soluble dans l'alcool

---

(1) Voir aussi, sur l'Ozokérite, *Bull. Soc. Apic. de la Gironde*,
1877, p. 61.

bouillant et dans l'éther, fusible à 83°,5 cent.
Dans les Andes de Bogota, la tige du *Ceroxylon
andicola*, Humb., laisse suinter à ses entre-
nœuds une matière céroïde, connue dans le pays
sous le nom de *cera de palma*. Elle se présente
sous la forme d'une poudre blanc grisâtre, et,
après sa purification, d'un blanc jaunâtre, peu
soluble dans l'alcool bouillant et ayant pour point
de fusion 72° cent.

Quand on ne veut extraire et façonner en pains
que la cire d'un petit nombre de ruches, ce qui
est le cas habituel des éducations domestiques, on
met les rayons privés de miel, soit par la presse,
soit par l'extracteur à force centrifuge, dans un
sac en toile claire bien ferme et maintenu au
moyen de quelques cailloux lavés avec soin au
fond d'un vase de cuivre rempli d'eau (un vase de
fer altère la couleur de la cire). On chauffe à petit
feu jusqu'à légère ébullition, et la cire, en fondant, se réunit à la surface. En versant la partie
supérieure du liquide, et par conséquent la cire
fondue dans un vase d'eau tiède, elle se figera à
sa surface. On peut la chauffer doucement dans
une seconde eau, si elle renferme encore quelques débris de pollen, et on la laisse refroidir
dans un moule, en pain ou en briquette. On enlève au couteau les résidus qui sont au-dessous du
morceau de cire, et on les joint à une autre fonte,
afin de profiter des parcelles de cire qu'ils peuvent encore contenir.

Une autre méthode qui produit moins, mais ne
donne aucune peine, c'est de mettre les rayons

dans un tamis ou dans une corbeille en osier pla-

FIG. 28. — Presse à extraire le miel et la cire.

cée sur un vase à moitié rempli d'eau. On intro-

duit le tout au four de boulanger, après que le
pain a été retiré ; la cire, en fondant, coule dans
l'eau et surnage. On prépare des cires de premier
choix quand on se sert du four à environ 70 degrés
pour extraire des rayons le miel de dernière caté-
gorie ; on recueille à part la cire qui s'écoule et
qui est très-pure.

Quand on opère l'extraction de la cire sur une
plus grande échelle, on se sert d'un petit pressoir
placé au milieu d'un vase plein d'eau entretenue
à 100° par l'ébullition, et on comprime peu à peu
les rayons. La cire monte à la surface ; on la trans-
vase et on la coule dans le moule comme précédemment.

Nous représentons (fig. 28) une presse d'une
grande puissance, tenant peu de place et servant
à la fois à l'extraction du miel commun et de la
cire.

La cire en pains, et surtout celle en gâteaux re-
tirés des ruches, est quelquefois attaquée par des
larves de Dermestiens. Il faut exposer les gâteaux
à la lumière, les secouer, écraser les larves et surtout les adultes venant faire leur ponte.

CHAPITRE XI

Maladies des Abeilles. — Dysentérie de l'hivernage. — Pourriture du couvain ou loque. — Constipation, dessiccation des larves, moisissure, vertige, narcotisme.

Outre les accidents continuels qui résultent de leur vol pour la récolte à grande distance des ruches, les Abeilles sont exposées à des maladies épidémiques ou contagieuses et aux attaques de divers ennemis extérieurs.

Une des affections graves qui atteignent ces insectes et qui se lie complétement à la question de l'hivernage, c'est la dysentérie. On observe d'abord, dans les hivers prolongés, qu'une colonie faible est plus fortement attaquée par cette affection intestinale qu'une colonie forte ; il paraît probable que cela se rattache à la nécessité d'une alimentation excessive pour que le petit peloton d'Abeilles puisse maintenir une température de 20 degrés centigrades environ dans les masses, ce que pourra réaliser bien plus facilement, et sans une consommation exagérée de miel, une forte population.

Une cause bien plus puissante de dysentérie, c'est le renouvellement imparfait de l'air, surtout par les temps humides. En été, lors de la forte miellée, qui amène beaucoup de vapeur d'eau

13.

dans la ruche en raison de la température de celle-ci, les Abeilles chassent cet air humide au moyen d'un groupe de ventileuses qui battent des ailes auprès de la porte d'entrée ; il n'en est plus de même en hiver où les Abeilles, resserrées dans le haut de leur habitation, ne peuvent renouveler l'air comme en été, et demeurent enveloppées d'air saturé d'humidité et chargé d'acide carbonique. Les apiculteurs intelligents apportent le remède naturel en soulevant les ruches sur de petites cales et en tenant les portes ouvertes sur toute leur grandeur, au lieu de les calfeutrer hermétiquement, comme on le fait trop souvent, le froid étant beaucoup moins à craindre à l'intérieur de la ruche que l'air humide et corrompu, confiné ; il faut éviter avec soin, quand la dysentérie hivernale se présente, que les cadavres des insectes amoncelés n'obstruent l'entrée. Le calfeutrage irréfléchi des ruches est la principale cause de la grande mortalité de l'hiver, et il est bon de ne pas se contenter de la porte d'entrée, en pratiquant pour l'hiver, sur les parois latérales, de petites cavités qui permettent une ventilation continuelle par l'appel d'air résultant de la différence de température entre le dedans et le dehors.

En 1869, dans un des États de l'Amérique du Nord, l'année fut très-sèche, puis tout à coup abondamment pluvieuse à l'automne, et les Abeilles récoltèrent par la pluie beaucoup de miel. Le froid était survenu avant que ces insectes eussent eu le temps d'évaporer l'eau de surplus et d'operculer le miel. Pendant l'hiver ils furent dé-

cimés par une telle dysentérie, que les trois
quarts des ruches périrent au printemps.

Un troisième élément intervient encore dans la
question de la dysentérie, qui est en définitive la
même que celle d'un hivernage prolongé, c'est la
qualité ou valeur nutritive du miel, composé principalement, comme on l'a vu, de glucose cristallisable et de mellose incristallisable ; or, le premier
sucre est bien plus aisément absorbable par l'intestin moyen de l'Abeille que le second. Si donc
on a des ruches de montagne dont le miel a beaucoup de glucose, les Abeilles auront en hiver une
meilleure alimentation que celles des plaines avec
du miel où domine le mellose, qui existe presque
seul dans certains miels de bruyère ; par suite de
cette très-inégale digestion, les Abeilles nourries
principalement au sucre inscristallisable sont plus
exposées à la dysentérie.

Cette importance de la facile assimilation digestive nous explique tous les avantages du nourrissement des Abeilles à la fin de l'hiver avec du sirop de saccharose de première qualité, préférable
pour elles au meilleur miel, parce que le sucre de
canne est le plus aisément absorbable des sucres ;
ce nourrissement, qui exalte beaucoup la fécondité
de la mère et l'activité des ouvrières, entre de plus
en plus dans les pratiques apicoles rationnelles et
prévient la dysentérie provoquée par l'hivernage.
Le désaccord qui existe entre les apiculteurs sur
la quantité de miel qu'il est nécessaire de laisser
aux Abeilles comme provision d'hiver provient,
en grande partie, de ce qu'ils ne tiennent aucun

compte de la valeur nutritive des différents miels.

On peut dire, en résumé, que lorsqu'une ruche renferme une forte population approvisionnée de bon miel ou, à défaut, alimentée de sirop de sucre, et que l'air, par un agencement convenable des ouvertures, se renouvelle de lui-même pendant l'hiver, cette colonie peut traverser la mauvaise saison sans craindre ni la dysentérie ni la moisissure des rayons, ne perdre que peu d'Abeilles et acquérir de très-bonne heure au printemps, si elle possède une mère jeune et bien pondeuse, une grande quantité d'ouvrières, point capital en apiculture.

Une autre maladie, beaucoup plus redoutable et sans remède curatif encore connu, est la pourriture du couvain, désignée par les apiculteurs sous le nom de *loque*. Par sa grande contagion, par l'aspect des larves mortes, par ses causes de production elle offre de grandes analogies avec la flacherie des Vers à soie, toujours liée à une mauvaise assimilation nutritive, à la présence du ferment en chapelet dans le tube digestif.

Comme les indications des auteurs sur cette affection sont très-confuses et contradictoires parfois, nous ne pouvons donner de longs détails. Il semble difficile d'admettre comme distinctes une loque bénigne et lente, n'atteignant que les larves de certaines cellules et les desséchant, et une autre maligne et rapide, essentiellement contagieuse; il n'y a là qu'une affaire de degré. On peut dire que la loque est éminemment contagieuse; on voit des ruches qui sont tout de suite atteintes de la pourriture du couvain, dès qu'on a placé un essaim dans une bâtisse de cire qui a contenu du couvain loqueux ; on a vu des miels provenant de ruches loqueuses récoltés en Amérique, communiquer la loque à des Abeilles d'Europe auxquelles ces miels avaient été donnés comme nourriture. Les larves et nymphes atteintes de loque deviennent molles et de couleur café au lait, leur peau se déchirant au moindre effort ; bientôt leurs corps sanieux et décomposés ne forment plus avec la cire qu'une masse brunâtre ressemblant à de la pulpe d'abricot pourri.

Comme indice extérieur de la loque, on doit citer l'extrême irritabilité des Abeilles et leur tendance à piquer ; elles sont désespérées de la perte du couvain, et la mère entraîne souvent la population hors de la ruche, qui ne tarde pas à être pillée par les autres Abeilles du rucher. En outre, une odeur cadavéreuse s'exhale de la ruche où l'on voit pénétrer, attirées par les émanations putrides, diverses espèces de Mouches à viande. Enfin le travail se ralentit par l'abattement des ouvrières, et l'on voit des débris d'opercules sur le plateau, couvrant une surface dont l'étendue correspond à celle des points loqueux qui sont dans le haut de la ruche.

On a cité, parmi les causes de la loque, le refroidissement, qui est aussi une des causes de la flacherie des Vers à soie et des autres chenilles, et les fixistes prétendent que les ruches à rayons mobiles sont plus disposées à la loque et à sa propagation contagieuse que les ruches fixes, parce que les Abeilles sont plus souvent mises à découvert ; mais cette opinion est controversée. D'après

M. Saunier, la première cause de la loque, qu'il
nomme alors spontanée ou du premier degré, est
la famine par nourrissement insuffisant du couvain, qui se produit surtout à la fin de la saison du
miel, de sorte que l'invasion de la loque dans une
contrée est liée au manque de fleurs mellifères par
le déboisement, l'arrachage des haies, des bois,
des bruyères, les labours intensifs enlevant toutes
les plantes sauvages, l'absence de colza, de sarrasin,
de trèfle, de sainfoin remplacés par la vigne, etc.
C'est par ces motifs que la Drôme a perdu depuis
quarante ans les trois quarts de ses ruches.

La cause de la loque, dite du second degré, la-
tente, communiquée, est un empoisonnement
pratiqué par les manipulations apicoles faites sans
précautions de propreté et faisant passer la contagion d'une seule ruche aux ruches encore
saines, et surtout par le pillage des ruches loqueuses abandonnées par leurs colonies, de sorte
que les Abeilles deviennent l'instrument de
la mort de leur progéniture, à laquelle elles
donnent une pâtée délétère ; cette loque est
lente, se répandant de proche en proche, et une
partie du couvain peut rester longtemps viable.

Quels sont les remèdes contre la loque ? M. Saunier ne connaît que le fer et le feu, appliqués au
début à tous les points attaqués et avant que le
pillage ne soit survenu. D'après M. Hamet, quand
le mal n'est pas trop invétéré, il faut chasser les
Abeilles dans des ruches vides, brûler sous la ruche
une forte mèche soufrée, enlever le couvain pourri
et même le couvain sain qui peut rester à côté,

puis réintégrer les Abeilles ; si le mal est plus
grave, enfouir les ruches malades et faire passer
les Abeilles dans des bâtisses assainies à l'acide
sulfureux et leur donner du miel liquide, d'une
ruche saine, dans lequel on mettra une pincée de
fleur de soufre. Enfin tout récemment, un véritable remède curatif, sur lequel l'expérience devra
prononcer, a été indiqué et expérimenté au con-
grès apicole de Strasbourg, en décembre 1875, par
un apiculteur polonais, M. Hilbert. Partant de ce
fait que la loque serait une affection cryptogamique
due à la dissémination sur le couvain et dans le
miel des sporules d'un *Micrococcus*, il emploie
contre elle l'alcool salicylique. Celui-ci se prépare
en dissolvant 50 grammes d'acide salicylique pur
et cristallisé dans 400 grammes d'alcool pur à
100 degrés, le tout conservé en flacon et bien
bouché. On injecte dans la ruche loqueuse, sur le
couvain et sur les Abeilles, au moyen d'un pulvé-
risateur à liquide, une solution formée d'une
goutte d'alcool salicylique par gramme d'eau dis-
tillée et bouillie, maintenue au moins à 15 degrés,
pour ne pas laisser cristalliser par refroidissement
l'acide salicylique. Ces proportions sont de ri-
gueur ; plus faibles, le remède ne serait plus assez
antiseptique, plus fortes, on pourrait tuer le couvain non operculé. On devra renouveler le traite-
ment plusieurs fois (1).

(1) Saulnier, *Etude sur la loque* (journal l'*Apiculteur*, 1870,
p. 131, 164, 197). — *La loque, sa guérison* (journal le *Rucher*,
1875, p. 348 ; et 1876, p. 2).

Les autres maladies des Abeilles sont peu importantes. La constipation est produite au printemps par un abaissement brusque de la température dans les ruches faibles et peu approvisionnées, et par une alimentation avec du miel altéré et non operculé. Les insectes ne peuvent plus s'envoler et meurent sur le tablier ou entre les rayons ; il faut réunir les Abeilles encore saines à des colonies en bon état. La dessiccation des larves dans le couvain operculé est une affection isolée et peu grave ; les Abeilles enlèvent elles-mêmes les larves ou nymphes desséchées et les jettent hors de la ruche. La moisissure des gâteaux, qui est due à un excès d'humidité, se guérit en aérant la ruche par des orifices convenablement établis et en enlevant au couteau les rayons ou parties de rayons atteints. Enfin le vertige est une maladie individuelle, atteignant les Abeilles en juin et juillet, rarement épidémique, due peut-être au butinage dans certaines fleurs. L'animal ne peut plus voler, court et tourne sur lui-même jusqu'à ce qu'il tombe épuisé. On ne connaît pas de remède.

M. Hamet a indiqué une affection qu'il nomme le *narcotisme* et dans laquelle les Abeilles tombent engourdies, puis meurent. Cela arrive accidentellement à la suite de l'absorption des nectars d'un petit nombre de fleurs, en certaines années, sous des influences atmosphériques non précisées, notamment par les nectars de tilleul et de sarrasin.

CHAPITRE XII

Les Abeilles ont des ennemis extérieurs. Les seuls gravement dangereux, le premier surtout, sont deux Lépidoptères du groupe des Microlépidoptères, de la famille des Crambides, les *Galleria mellonella* Linn. ou *cerella* Fabr.; et *grisella* Fabr. ou *alvearia* Dup. (genre *Achrœa* Zeller, pour la seconde espèce). La première espèce est plus répandue que l'autre dans la zone parisienne, moins au contraire dans les régions plus méridionales. Elle est plus redoutable par sa grande taille, peu ordinaire chez les Microlépidoptères, amenant des désordres plus étendus; c'est elle que les apiculteurs des environs de Paris nomment *le papillon*. On les désigne vulgairement toutes deux, d'après Réaumur, sous le nom de *fausses Teignes de la cire*, grande et petite. Elles ne dépassent pas une altitude de 1200 mètres. Ces papillons, à ailes supérieures découpées, ont des couleurs grisâtres et nébuleuses, les ailes inférieures plus claires que les supérieures, qui les recouvrent au repos. Les papillons pondent, paraît-il, sur les fleurs, de sorte que les Abeilles transportent leurs œufs entre les poils ou intercalés dans le pollen mis dans les cellules; quand vient la chaleur on voit sortir de celui-ci des petites chenilles, comme des vers. En outre, les papillons s'introduisent à l'intérieur des ruches, et grâce à l'enveloppe écailleuse de leur corps, de même qu'à leur démarche vive, rapide et sautillante, parviennent à échapper à l'aiguillon meurtrier et à déposer leurs œufs sur les rayons avec une grande rapidité. Leur vitalité a une telle persistance que, si l'on coupe en deux une femelle vivante, l'ovi-scapte continue à émettre des œufs en grand nombre longtemps après l'opération. Aussitôt écloses, les chenilles à seize pattes, très-agiles et se tordant comme de petits serpents, s'enfoncent dans les cellules dont elles dévorent la cire. Elles creusent de longs tuyaux irréguliers formés de soie et de grains de cire, et aussi de leurs excréments granulés. On s'aperçoit de leur existence aux déjections noires, pareilles à des grains de poudre, qu'on trouve sur le tablier, mêlées à de nombreuses parcelles de cire, et aussi à l'odeur exhalée par ces chenilles. Ces chenilles entassées dans les gâteaux dégagent une chaleur considérable, que j'ai vue s'élever à plus de 25° au-dessus de l'air ambiant (1). Elles ne touchent pas au miel, mais creusent et minent les rayons si profondément, qu'ils finissent par perdre toute solidité dans leur structure, se détachent de la paroi supérieure et s'affaissent sur eux-mêmes, pêle-mêle avec le miel, le pollen, le couvain et les Abeilles, ce qui amène une destruction totale. Il y a au moins deux générations dans

(1) Maurice Girard, *Ann. Soc. entom. Fr.* 1864, IV, 676.

l'année. Les chenilles deviennent chrysalides dans
la ruche, entourées de cocons d'une soie blanche,
comme gommée, épais et résistants, agglomérés
les uns contre les autres. Les adultes sortent pour
s'accoupler et les femelles rentrent bientôt pour
la ponte. Ils ne sont actifs qu'au début de la nuit
et volent peu, quoique leurs ailes soient bien
constituées, mais ils courent et sautillent avec une
grande rapidité, surtout la petite espèce (*alvearia*).
Elle est au reste beaucoup moins nuisible que
l'autre, car elle ne promène pas ses galeries partout, mais reste confinée dans quelques portions
de gâteaux. En hiver, les chenilles des deux espèces
et de tout âge restent engourdies jusqu'à ce que
la chaleur du début du printemps leur permette
de reprendre leur activité malfaisante.

Les grands ravages de ces Lépidoptères ont lieu
dans les ruches faibles, à reine décrépite, pondant
peu ; dans les ruches populeuses, les ouvrières
tuent les chenilles à mesure qu'elles apparaissent,
et si l'on jette un très-fort essaim dans une bâtisse
dont les rayons sont envahis par les Galléries, on
voit souvent les Abeilles actives et vigoureuses ne
pas tarder à les expulser. Le meilleur remède est
donc de couper les rayons envahis et de fortifier la
population par une réunion. Quand le mal est
trop grand, il faut, à la fumée, transvaser les insectes qui restent dans une autre ruche, de manière
à constituer une forte colonie. On peut aussi faire,
le soir, la chasse aux papillons et les écraser, et
disposer des lumières au milieu d'assiettes pleines
d'eau recouverte d'huile, de sorte que les papil-

lons qui se brûlent les ailes et tombent sont
asphyxiés par l'huile qui bouche leurs stigmates ;
mais ces moyens sont peu efficaces, ainsi que le
concours utile des Chauves-Souris (fig. 29.)

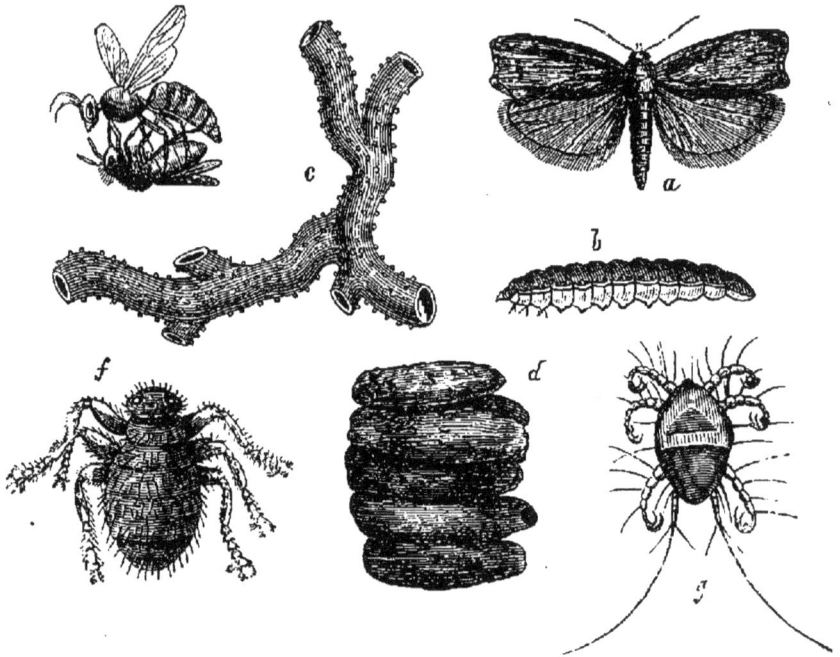

FIG. 29. — Ennemis et épizoïques.

Philanthe apivore emportant une Abeille au vol : *a*, grande
Gallérie de la cire ; *b*, sa chenille ; *c*, tuyaux de progression ;
d, cocons accolés ; *f*, *Braula cœca* ou Pou de l'Abeille ; *g*. Tricho-
dactyle (Acarien).

On peut encore citer comme nuisant aux Abeilles,
les Guêpes et les Frelons, l'Asile frelon (Diptère
carnassier), le Philanthe apivore, Hyménoptère

fouisseur, à corps svelte et robuste à la fois, dont la femelle emporte, pour nourrir ses larves au nid qu'elle a creusé en terre l'ouvrière anesthésiée par son vénin, retournée ventre contre ventre, et jamais le faux bourdon, le papillon tête de mort (*Acherontia atropos*), énorme Sphingien qui entre dans les ruches pour se gorger de miel. Il existait en France sur les Solanées sauvages avant l'introduction de la pomme de terre, qui est actuellement la nourriture habituelle de sa chenille. Il ne paraît un peu dangereux que dans le Midi, et il est bon de rétrécir l'entrée des ruches dans les automnes où il est abondant; c'est ce que font au reste les Abeilles, au dire de Huber; elles construisent à l'entrée des contre-forts en propolis, quand elles l'ont vu et entendu son cri.

Les ouvrages d'apiculture font une courte et insuffisante mention de ce qu'ils nomment le Méloé et qui n'est autre que la larve primitive de diverses espèces du genre *Meloe* (Coléopt. Cantharidiens). Grimpant dans les fleurs nectarifères après l'éclosion des œufs, cette larve, munie de fortes mandibules et de griffes acérées à ses six pattes, peut s'accrocher aux poils des Abeilles qui butinent, comme aux autres Apiens et même à des Diptères. En France cette larve, qu'on signale aux environs de Paris, paraît surtout commune, par les années chaudes et humides, dans les sainfoins du Gâtinais. Sa présence gêne beaucoup les Abeilles, qui font de violents efforts pour s'en débarrasser, et peuvent s'épuiser dans de véritables convulsions,

au point d'en mourir. Ces faits ont été observés.
avec beaucoup plus de précision, en Allemagne et
en Russie. Les espèces de *Meloe* nuisibles aux
Abeilles ont été déterminées, ainsi que la mortalité
produite par l'action des premières larves ou
Triongulins (1).

D'après M. Ed. Assmuss l'espèce de *Meloe* de
beaucoup la plus nuisible est le *Meloe variegatus*,
Donovan, syn : *scabrosus*, Marsham, superbe espèce
d'un riche bronzé cuivreux, fort rare près de Paris,
qu'on trouve çà et là dans les prairies, en avril et
mai, notamment dans les fortifications aux Hautes-
Bruyères, à Gennevilliers et dans les prés d'Ivry
sur les bords de la Seine (presque entièrement
détruits aujourd'hui par suite des constructions ;
c'est en recherchant ce Coléoptère que des amateurs découvrirent dans ces prairies l'existence
d'une curieuse Phalénide à femelle aptère, *Nyssia
zonaria*, dont la capture pendant un assez grand
nombre d'années répandit cette intéressante espèce
dans toutes les collections européennes). Ce Cantharidien est de toute l'Europe, de l'Asie septen-
trionale et occidentale et du Caucase ; mais il est
loin d'être partout aussi commun qu'en Allemagne. En certaines années ses premières larves
se montrent en quantités incroyables, surtout sur
les fleurs de sainfoin ou esparcette, de pissenlit et

(1) Dr Ed. Assmuss, *Les parasites de l'Abeille et les maladies
qu'ils produisent chez cet insecte ;* br. in-8°, avec 3 pl. lithogr.
Berlin, 1865. — A. Dohrn, note bibliographique sur ce travail,
Stettin entomol. Zeitung, 1865, p. 295. — Grassi et Barbo, *Meloe
variegatus ;* Donovan, *Apicoltore.* Milan, 1876. p. 271.

de bugle. Elles assaillent avec une sorte de promp-
titude furieuse les Apiens qui récoltent le nectar
et le pollen de ces fleurs, et en particulier et surtout
l'Abeille domestique. Elles sont longues d'un peu
plus de 2 millimètres et ne se contentent pas de se
suspendre aux poils des Abeilles, comme les
autres larves primitives hexapodes des genres de
Cantharidiens *Meloe* et *Sitaris*, mais s'insinuent,
à l'aide de leurs mandibules aiguës et de leurs
griffes, entre les lamelles des arceaux ventraux
imbriqués et aux articulations de la tête, du prothorax et du mésothorax, pénétrant souvent si
profondément qu'on a peine à les apercevoir. On
comprend qu'elles irritent alors très-fortement les
délicates lamelles sécrétant la cire et les articulations molles et flexibles, au point d'amener la mort
des Abeilles au milieu de grandes douleurs et de
vives convulsions. Les Abeilles ne pouvant s'en
débarrasser les portent dans les ruches. Les *Meloe
variegatus* ne paraissent pas pouvoir y subir la
série de leurs hypermétamorphoses, comme dans
les nids d'Anthophorides solitaires. On ramasse
leurs premières larves en grande quantité sur le
plateau de la ruche et sur les Abeilles mortes ou
mourantes ; on les retrouve disséminées dans les
détritus, cachées dans les fissures de la ruche ou
accrochées aux parois, tantôt vivantes et très-mo-
biles, tantôt mortes et desséchées. Elles finissent
ou par sortir de la ruche par la porte et surtout par
les fissures ou par mourir de faim, les Abeilles ne
les laissant pas pénétrer dans les cellules à couvain.
On trouve, dans les années où ce Méloé est le plus

commun, une foule d'Abeilles gisant mortes à quelques pas autour des ruches, ou expirant au milieu des plus effroyables convulsions, et beaucoup ont dû mourir dans le trajet.

Les Abeilles ouvrières ne sont pas seules tourmentées par ces larves primitives ; elles peuvent passer dans la ruche sur le corps de la reine et causer aussi sa mort en pénétrant dans ses articulations. Ainsi Kopf perdit par cette cause en juin 1857 neuf reines sur ses vingt-trois ruches et environ moitié des ouvrières, ce qui donne, uniquement par la première larve du *Meloe variegatus*, une perte de cent soixante-douze mille cinq cents ouvrières, en estimant seulement à quinze cents ouvrières la population d'une ruche à cette époque de l'année. M. Assmuss observa cette même larve, à partir du commencement de juin 1861, sur les ouvrières de neuf ruches d'Abeilles, qu'il avait établies au milieu d'une bruyère, dans le cercle de Porjetsch (gouvernement de Smolensk). Il voyait des Abeilles s'élancer isolément des ruches, s'abattre au devant et tournoyer sur le sol, écrasées par la douleur et ne pouvant reprendre leur vol, sans toutefois mourir tout de suite ; elles passaient la nuit par terre, ne mourant que le lendemain. Beaucoup d'Abeilles revenant de butiner tombaient également épuisées, et mouraient au milieu de convulsions. En ramassant et examinant avec soin quelques-unes de ces Abeilles, on trouvait sur chacune un certain nombre de larves du Méloé entre les anneaux ventraux, jusqu'à dix-huit chez certaines et quelques larves complètement entrées. De jour en jour la mortalité des Abeilles augmentait, de sorte que plus de deux cents Abeilles par jour gisaient mortes ou malades

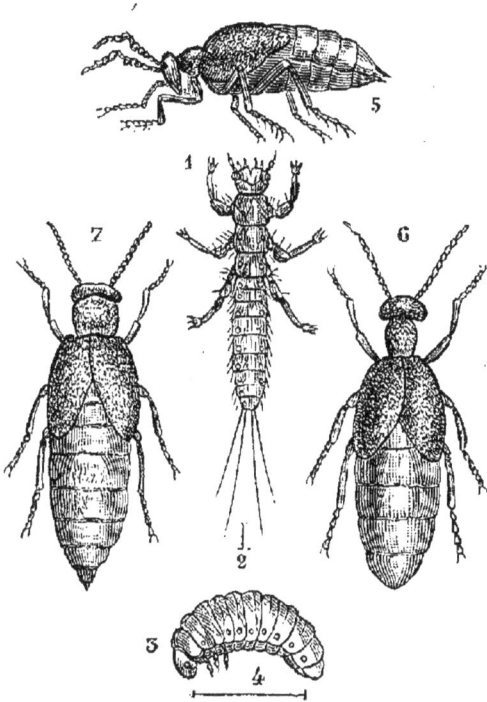

FIG. 30. — Méloés ennemis des Abeilles.

1, Larve primitive ou Triongulin du *Meloe variegatus*; 2, grandeur naturelle; 7, femelle; 5, *Meloe proscarabæus* mâle; 6, femelle; 3, seconde larve; 4, grandeur naturelle.

devant certaines ruches. Jusqu'au 15 juin la mortalité se maintint sur ce pied, puis alla en diminuant et cessa aux premiers jours de juillet. Les reines ne furent pas importunées comme chez Kopf, mais les larves primitives passèrent des ou-

vrières sur beaucoup de faux-bourdons, et causè-
rent leur mort. Elles se rendaient aussi sur les
jeunes Abeilles, au moment où elles sortaient des
cellules, et les faisaient périr.

En 1876, M. Barbo a observé de très-abondantes
larves du *Meloe variegatus*, en Italie dans un rucher près de Crémone. Il regarde cet ennemi
comme très-redoutable sur les Abeilles isolées,
mais n'ayant pas d'influence sensible sur les colonies dans la totalité d'une année favorable. Il est
porté à attribuer à ces larves quelques anomalies
qu'il observa dans ce rucher, comme le chant des
reines dans onze ruches qu'il pense ne pas avoir
essaimé, et le peu d'énergie des essaims qui se
montrèrent. Beaucoup d'Abeilles sortaient presque
en silence et s'élevaient très-peu au-dessus du rucher, beaucoup d'autres rentraient à peine sorties, et la plupart, au lieu de quitter la ruche en
volant, s'aggloméraient autour de la porte et en
dessous. En un quart d'heure M. Barbo arrêta à
la porte cinq à six Abeilles chargées de larves. Il
admet que les Abeilles, une fois entrées dans la
ruche, sont délivrées du parasite par leurs compagnes, bien qu'il n'ait jamais surpris les insectes
faisant cette opération. En effet une Abeille ne
peut pas se délivrer elle-même des larves, et bien
que M. Barbo pût saisir à la porte nombre d'A-
beilles chargées de larves de Méloés, il n'en put
trouver qu'une seule à l'intérieur de la ruche. Les
apiculteurs attentifs ont mille fois observé cette
toilette curieuse que les Abeilles se font les unes
aux autres; de plus la forme allongée de la larve

la rend aisée à saisir, et son agilité bien moindre
que celle de la *Braula cœca* augmente cette pro-
babilité. Les mouvements d'impatience et de colère des Abeilles assaillies sont si manifestes qu'on
les reconnaît facilement au milieu des autres. En
outre M. Barbo trouva dans l'intérieur et sur le
plateau des ruches un grand nombre de larves de
Méloé mortes, toutes à la même phase que celles
portées par les ouvrières; certaines ruches en
avaient quarante à cinquante, et beaucoup ont dû
lui échapper en raison de leur exiguité, et par la
difficulté de les voir au milieu des détritus habituels qui couvrent le plateau des ruches. Malgré
la grande abondance de l'espèce cette année, écrit
M. Barbo, il n'a jamais rencontré dans les ruches
aucune autre phase de développement du Méloé,
qui doit s'accomplir ailleurs; la grosseur de l'a-
dulte qui dépasse souvent deux centimètres et demi
rendrait sa présence bien aisée à voir dans une
ruche. Toutes les larves vivantes ou mortes étaient
noires.

M. Ed. Assmuss a remarqué que les Abeilles
qui revenaient chargées de nectar mouraient en
plus grand nombre que celles qui rapportaient du
pollen. Les premières larves de *Meloe variegatus*
se trouvaient surtout dans les fleurs de bugle, où
les nectaires placées à une grande profondeur rendent la récolte peu aisée et lente; les Abeilles à
pollen rapportaient les larves de plantes très-variées, notamment des fleurs de fraisier. Il suppose
que ce sont ces larves qui sont la cause la plus ordinaire de l'affection appelée *rage des Abeilles* ou

maladie de mai, car les symptômes sont tout à
fait pareils à ceux que manifestent les insectes as-
saillis par les larves. En certains pays et par certaines années cette affection cause de grands ravages dans les ruches. Elle était connue des Anciens
sous le nom de *Kraura* et citée par Aristote ; elle
faisait surtout son apparition dans les années
sèches, et on la croyait due à ce que les Abeilles
recueillaient leurs produits sur des plantes couvertes de nielle ou rouille. Dzierzon suppose que
la rage est causée aux Abeilles, soit par du miel
empoisonné que leur présentent des apiculteurs
malveillants et coupables, soit par des nectars naturels et délétères récoltés à la fin de la floraison
des arbres, quand fleurissent les pommiers et les
sorbiers ; ce sont surtout les jeunes Abeilles sortant des cellules qui sont atteintes de la rage, et,
en 1836, toutes les jeunes Abeilles de la Silésie
ont succombé de cette manière, ce qui a amené la
perte de beaucoup de ruches. M. Assmuss fait remarquer que les larves de Méloé n'ont été observées que depuis peu de temps et ont dû échapper
à beaucoup d'apiculteurs qui n'avaient pas une
attention assez soutenue, surtout quand elles sont
en grande partie cachées dans le corps des Abeilles
ou dans les fentes des ruches et au milieu des détritus. Ce qui milite en faveur de cette opinion
c'est la saison dans laquelle se montre la maladie:
en mai dans les contrées les plus chaudes, en juin
dans les plus froides ; or les larves de Méloé se
trouvent à ces mêmes époques, plus tôt dans les
régions chaudes, plus tard dans les froides, mais

jamais après le mois de juin, moment où l'on ne voit plus la rage se manifester ; en outre les jeunes Abeilles succombent aisément à la rage parce que leur peau est encore très-tendre et que les larves l'irritent bien davantage, tandis qu'elles peuvent ne pas causer grand dommage à une vieille Abeille.

Pour protéger les Abeilles contre les attaques du *Meloe variegatus*, le mieux est de tuer les adultes qui sont si visibles, car la mort d'une femelle amène la non apparition de cinq mille larves, ce nombre étant à peu près celui des œufs des ovaires. En outre il faut recueillir devant les ruches les Abeilles mourantes qui rapportent les larves de ce Cantharidien, ainsi que celles gisant sur les plateaux et les détritus de ceux-ci, et jeter le tout dans l'eau bouillante ou dans le feu, afin que les larves soient détruites, et ne puissent faire d'autres victimes en sortant des ruches.

Une autre espèce de Méloé qui intéresse l'apiculteur est le *Meloe proscarabœus*, Linn., ayant la même distribution géographique que le précédent, mais beaucoup plus abondant et la plus commune des espèces du genre en Europe ; je l'ai pris autrefois en nombre énorme au début du printemps dans les prairies d'Ivry riveraines de la Seine. Il est d'un bleu noirâtre, à reflets violets, la tête et le pronotum ponctués de fossettes, ce dernier subcarré, légèrement rétréci postérieurement. La taille varie beaucoup, de 10 à 25 millimètres chez la femelle, sur 6 à 10 de large ; le mâle, beaucoup plus petit, parfois dans une pro-

portion incroyable, se reconnaît tout de suite à
ses antennes qui paraissent brisées vers le milieu,
quand on les voit de profil, car les articles 6 et 7
sont élargis en dessus et très-concaves en dessous;
peut-être ces cavités s'emboîtent-elles à quelque
partie convexe de la femelle lors de l'accouplement.

La première larve de cette espèce est un peu
plus petite que celle du *M. variegatus*, n'ayant
qu'environ 2 millimètres de longueur; tandis que
celle-ci a une tête triangulaire mousse, la première larve du *M. proscarabœus* a la tête arrondie.
En outre, au lieu d'être d'un noir brillant, sa couleur est d'un blanc jaunâtre, parfois plus jaune;
quant au reste les deux larves sont pareilles. On
trouve la larve du Méloé proscarabée ayant grimpé
sur les fleurs les plus variées, notamment celles de
colza et de navette. Elle guette les Abeilles pour
s'accrocher à leur corps, mais elle ne s'insère pas
dans les articulations, comme celle du *Meloe variegatus*, se tenant seulement aux poils des parties
supérieure et inférieure du thorax. Ces larves,
rendues à la ruche, se transportent, si les Abeilles
ne les en empêchent pas dans les cellules, et,
probablement à la façon de leurs congénères dans
les nids des Anthophores, mangent un œuf et passent probablement aussi à travers plusieurs cellules remplies de pollen qu'elles consomment, car
la provision d'une seule cellule ne doit pas pouvoir suffire à leur entier développement. M. Assmuss a trouvé une fois, dans une ruche à couvain
pourri abandonnée par les Abeilles, en coupant

les rayons de cire, deux secondes larves de Méloé,
à pattes courtes, longues de 12 millimètres, et
d'un blanc jaunâtre, qui tombèrent des cellules. Il
ne put réussir à élever ces larves qui moururent
bientôt, quoiqu'il leur eût fourni des cellules à
pollen. Elles avaient beaucoup de peine à grimper
sur les rayons verticaux; si elles avaient pu atteindre la seconde phase de leur évolution, c'est
que la ruche était malade, et qu'elles n'avaient
pas été pourchassées par le peu d'Abeilles qui restaient. Il est très-probable que ces secondes larves
appartenaient au Méloé proscarabée, car les
Abeilles de l'endroit où fut faite cette observation,
en Russie près de Podolsk, offrirent à la fin de
mai des larves primitives de ce Méloé, et que jamais l'observateur ne trouva dans le pays d'autres
espèces de Méloés. On ne connaît pas les phases
suivantes du développement du *Meloe proscarabœus*, ni aucune autre phase que la première larve
pour celui du *Meloe variegatus*. Il est probable
que c'est une larve du Méloé proscarabée qui
a été trouvée accidentellement par M. Barbo, dans
son rucher près de Crémone, sur un fragment de
rayon construit à nouveau avec de la vieille cire,
qui s'était détaché du haut et était tombé à la porte
de la ruche; elle était de couleur de cire, mais
analogue de forme aux premières larves noires de
M. variegatus.

Les larves primitives du Méloé proscarabée sont
loin de faire aux Abeilles autant de mal que celles
de l'autre espèce, et ne causent pas leur mort, car
elles n'entrent pas dans leurs articulations; mais,

comme elles tourmentent ces insectes, il est bon
que l'apiculteur détruise le *Meloe proscarabœus.*

M. Assmuss n'attribue pas exclusivement la rage
des Abeilles aux premières larves de Méloés ; il
pense que cette affection peut aussi être la conséquence de l'introduction dans leurs corps de deux
Helminthes entozoaires qu'il y a observés, les
Gordius subbifurcus, Siebold, et *Mermis albicans*,
Siebold. Il consacre une partie de son Mémoire à
de nombreuses observations sur la pourriture du
couvain, qui est la plus terrible des épidémies
qu'aient à supporter les Abeilles. Il en attribue la
cause à l'influence d'un Diptère Muscien, la Mouche bossue ou *Phora incrassata*, Meigen. C'est là
une opinion fort peu admise par les apiculteurs,
qui attribuent la terrible loque à des causes générales et non à l'influence particulière d'un insecte.

Les *Phora*, en effet, sont des mouches dont les
larves vivent dans les matières corrompues de
toute nature, sur lesquelles les femelles adultes
viennent pondre leurs œufs. C'est ce qui a été parfaitement constaté par L. Dufour (1). Ainsi, par
exemple, le *Phora pallipes*, Latr., syn: *rufipes*,
Meigen, remplit un rôle harmonique considérable,
en raison de l'abondance extrême de ce Diptère,
dont on trouve les larves dans les substances de

---

(1) L. Dufour, *Mémoire sur les métamorphoses de plusieurs
larves fongivores appartenant à des Diptères (Ann. sc. nat.*, Zool.,
2ᵉ série, 1839, t. XII, p. 5 à 60). — *Recherches sur les métamorphoses du genre Phora, et description*, etc. (*Mémoires de la
Société royale des sciences, de l'agriculture et des arts de Lille.*
Lille, 1841, p. 414.

toute sorte en putréfaction, ainsi les champignons
gâtés, le vieux fromage, etc. La larve du *Phora ni-
gra*, Meigen, a été rencontrée dans les mousserons
pourris (*Agaricus prunulus*, Fries), et celle de
Phora helicivora, L. Dufour, dans des colimaçons
morts et en décomposition dans un creux d'arbre.
Le couvain atteint de pourriture doit donc attirer
les Phores, mais leur attribuer la cause de la loque
me paraît de cette nature de raisonnement faux
défini par les logiciens : *post hoc, ergo propter hoc.*

Beaucoup de traités d'apiculture rangent parmi
les ennemis des Abeilles un Coléoptère de la tribu
des Clériens, nommé le *Clairon des ruches*. C'est
le *Clerus* ou *Trichodes apiarius*, Linn., bel insecte
de 10 à 12 millimètres de long, à corps villeux,
d'un bleu brillant un peu verdâtre, avec les
élytres ornées d'éclatantes bandes transverses
rouges sur fond noir. Comme l'a reconnu M. Hamet, sa larve, ou *ver rouge* des apiculteurs, ne
touche pas aux produits des ruches saines ni aux
larves vivantes. Elle se glisse entre les parois et
les gâteaux, et dans les rayons gâtés par l'humidité, ainsi qu'au milieu des cadavres d'Abeilles
amoncelés et en putréfaction. Elle vit de miel
altéré et non de miel sain, et de diverses matières
animales en décomposition, en particulier de débris d'Abeilles et de larves, peut-être de leurs
excréments. Cela concorde avec les mœurs des
larves de ce groupe si bien étudiées par un de nos
maîtres en entomologie, M. Ed. Perris.

Les ruches ont quelquefois des ennemis locaux,
inconnus dans la plupart des régions, pouvant être

très-nuisibles par place. Ainsi, dans la grande Lande (département des Landes), une Cétoine (Coléoptère lamellicorne), celle du chardon (*Cetonia cardui*, Fabr.), cause de grands dommages aux ruches d'Abeilles, y pénètre pour dévorer le miel, et les envahit souvent en si grand nombre qu'il réduit les Abeilles à mourir de faim. Cet insecte, très-commun en certains endroits et regardé comme très-malfaisant, sert de jouet à la cruauté naïve des enfants qui lui font subir mille tortures, de même que les enfants de la Grèce à l'égard de la Cétoine dorée, dont ils s'amusent comme du Hanneton (1).

Tout récemment M. Brunet, secrétaire de la Société d'apiculture de l'Aube, a accusé un de nos plus utiles auxiliaires des jardins, le Carabe doré *Carabus auratus*, Linn.), de méfaits graves dans les ruches, se logeant dans des trous sous le tablier, ou entre la ruche de paille et son surtout, venant à l'entrée de la ruche saisir et dévorer les jeunes Abeilles qui rentrent fatiguées de leur première tournée dans la campagne (2). Ces assertions exigent le contrôle de nouvelles observations.

Ajoutons encore aux ennemis des Abeilles mais sans importance, les grands Libelluliens, plusieurs espèces de Fourmis et les grosses Araignées, surtout les Epeires. Quelquefois, en hiver, des limaces et des colimaçons entrent dans les ruches; les

---

(1) Ed. Perris, *Excursions dans les Grandes-Landes*, Lyon, 1850, p. 39.
(2) Brunet, *Apiculteur*, juin 1877, p. 179.

Abeilles quand elles redeviennent actives, au printemps, les enduisent de propolis, comme elles le
font pour les cadavres des sphinx à tête de mort et
des mulots.

Parmi les vertébrés, les lézards, la salamandre
terrestre, les crapauds, les couleuvres happent les
Abeilles à la sortie des ruches, quand celles-ci
sont trop basses; plusieurs oiseaux leur font la
chasse au printemps pour nourrir leurs couvées.
Les plus grands mangeurs d'Abeilles appartiennent
aux régions chaudes et sont les Guêpiers, dont la
conformation rappelle le Martin-pêcheur. Il n'en
vient qu'une espèce en Europe, le Guêpier commun
(*Merops apiaster*), très-abondant dans les îles de
l'Archipel, par exemple à Candie, où Belon l'a vu
prendre au vol avec des hameçons amorcés d'une
cigale.

Il se rencontre en Chine, dans les montagnes du
Cachemire; en Perse, en Afrique, et vient nicher
régulièrement dans le midi de l'Europe, en Tur-
quie, en Grèce, en Italie, en Espagne et dans le
midi de la France, où les paysans le nomment
Abeillerole. Il se montre par bandes et même
niche dans l'Europe centrale; ainsi Buffon l'a
rencontré en Bourgogne et on l'a vu aussi dans
l'Allemagne du Nord, en Danemark, en Suède et
même en Finlande. Les Guêpiers sont peu craintifs
et ne sont même pas mis en fuite par les coups de
feu; les apiculteurs les pourchassent sans ménage-
ment. On voit ces oiseaux se tenir sur les arbres
fruitiers en fleurs, et par suite très-fréquentés par
les Abeilles et les mères-Guêpes d'hibernation, et

s'élancer souvent du haut d'une branche pour saisir cette petite proie ailée. Ils régurgitent les ailes et les autres parties cornées.

Dans les environs de Paris et au nord de la France les Abeilles qui sortent aux premiers soleils du printemps sont parfois saisies par d'autres oiseaux apivores, principalement les Mésanges grande et petite charbonnière, la mésange bleue et la mésange à longue queue (genre Orite). La grande charbonnière, *Parus major*, sait, en hiver, s'emparer des Abeilles retirées dans leur ruche (1). « Elle s'approche de l'ouverture, dit Lenz, et frappe contre les parois. Un tumulte s'élève dans l'intérieur de la ruche, et bientôt sortent quelques Abeilles pour chasser la perturbatrice; mais celle-ci saisit la première qui se montre, s'envole avec elle sur une branche, la prend entre ses pattes, lui ouvre le corps, mange la chair, abandonne les téguments et retourne chercher une nouvelle victime. Pendant ce temps le froid a fait rentrer les Abeilles; la mésange frappe de nouveau contre la ruche et saisit encore la première qui se hasarde au dehors; et cela dure quelquefois jusqu'au soir. »

On peut joindre aussi aux mésanges, mais faiblement, les hirondelles. En hiver les pics affamés percent les ruches en paille, et mangent miel et Abeilles, transperçant ces dernières de leur langue dure et effilée. Quelques mammifères sont dangereux pour les ruches, principalement le mulot,

---

(1) Brehm, *La vie des animaux, Les Oiseaux*, t. I, p. 779. Paris, J.-B. Baillière et fils.

quand il parvient à franchir l'entrée, et aussi la musareigne. Les hérissons soufflent à la porte des ruches, en font sortir les Abeilles irritées et les tuent pour les manger en se roulant sur elles. Enfin les blaireaux en France, les ours dans les pays du Nord, sont très-friands de miel, renversent et rongent l'intérieur des ruches, surtout en hiver où les Abeilles se défendent à peine.

Nous avons cité le genre Crapaud parmi les ennemis des Abeilles ; c'est là l'opinion la plus répandue parmi les apiculteurs. Cependant il y a controverse à propos de ces Batraciens dont l'utile présence doit être encouragée dans les jardins et augmentée par les soins de l'homme. M. F. Smith a publié une note sur la question de savoir si les Crapauds sont réellement nuisibles aux Abeilles (1). Tout récemment M. Collin de Plancy (2) a cherché à innocenter le Crapaud sous ce rapport.

Il y a une plante funeste à ces insectes et qu'il faut arracher avec soin aux alentours des ruches : c'est la Sétaire verticillée (Graminées, Panicées), vulgairement nommée *accroche-Abeilles*, parce que celles-ci demeurent captives quand elles se posent dessus, déchirées et retenues par les barbillons crochus de ses panicules.

Les Abeilles ont quelques parasites épizoïques. Le plus connu et que les apiculteurs, avec Réaumur, nomment *pou de l'Abeille*, est un diptère

_____

(1) *Toads long known to be ennemies of the Hive-bee; New-mann zoologist*, 1855, t. XIII, p. 4738 à 4739.

(2) *Alimentation des Reptiles et des Batraciens (Bull. d'insectol. agric.* 1875-1876, p. 207).

pupipare, voisin des Hippobosques, des Mélopha-
ges et des Nyctéribies, privé d'ailes et regardé
comme aveugle. Très-gros par rapport à l'Abeille,
puisqu'il a la taille d'une puce ou d'une petite tête
d'épingle, il se cramponne fortement aux poils.
C'est presque toujours sur le corselet qu'il se
pose, tantôt près du cou, tantôt de l'origine des
ailes ou des pattes. Il est remarquable par son
corps d'un brun rougeâtre, brillant et comme cui-
rassé, garni de toute part de poils courts, raides
et comme aiguillonnés (1). Réaumur a reconnu
qu'il vit surtout sur les Abeilles des vieilles ruches, ne paraissant pas leur faire beaucoup de
mal, car elles ne cherchent pas à le détacher lorsqu'il se trouve sur quelque partie du corps où une
patte peut l'atteindre.

Des Acariens se rencontrent aussi dans les ruches. Le plus connu, beaucoup plus petit que
Braula cœca, appartient au genre *Trichodactylus*,
L. Dufour (2), constitué par des Acariens à corps
ramassé, à contour presque circulaire, portant au
bout des trois premières paires de pattes d'énormes
griffes recourbées et offrant les pattes de la quatrième paire plus courte que les autres et terminées
par une très-longue soie. Il est très-probable que
l'espèce qui vit sur les Abeilles est le *T. Osmiœ*,
L. Duf., ou *Xylocopœ*, Donnadieu, rencontré sur

(1) H. Lucas, *Ann. Soc. entom. de Fr.*, 1850, *Bull.*, p. LXVIII.
J. Egger, *Beiträge zur bessern Kenntniss der* Braula cæca NITZSH
(*Verhandl. zool. botan. Ver.* in Wien, 1853, t. II, p. 401-408).
(2) *Ann. Sç. natur.*, 2ᵉ série, t. XI, 276.

les Osmies et la Xylocope. D'après l'observation de M. Duchemin, en effet, cet Acarien existe sur les fleurs du Grand-Soleil (*Helianthus annuus*), et sans doute aussi sur d'autres; quand les Mellifiques butinent sur les fleurs, il s'accroche probablement à leurs poils par ses ongles puissants (1).

Il est à présumer, suivant les très-intéressantes découvertes de M. Mégnin, que cet Acarien, de même que l'ancien *Gamasus Coleopteratorum*, se sert des Mellifiques comme véhicules devant le conduire à une station où il prendra sa forme sexuée encore inconnue ; ainsi que le Gamase cité, ce serait une nymphe adventive agame, suivant la complète analogie qu'il présente avec les Hypopes. On sait que la forme hypope n'est pas une métamorphose nécessaire des Acariens (2), mais une forme accidentelle, munie d'une enveloppe cuirassée, de ventouses abdominales et de crochets aux pattes, afin de pouvoir se tenir sur des animaux variés, surtout des insectes, servant, en cas de disette, à transporter l'Acarien, qui n'est pas alors un véritable parasite, dans les milieux favorables au développement des sexués, état parfait et reproducteur de l'espèce. La phase d'hypope peut manquer si la larve se trouve tout de suite placée dans les conditions biologiques favorables aux sexués.

(1) *Apiculteur*, 1865-1866, p. 145.
(2) Mégnin, *Mémoire sur les Hypopes* (*Journ. d'anat. et de physiol.* de M. Ch. Robin, 1874, p. 225 pl. VII, VIII, IX, X).

CHAPITRE XIII

Diverses espèces du genre *Abeille* autres que l'Abeille ordinaire.

En dehors de l'espèce *Apis mellifica*, Linn., et de la race méridionale *ligustica*, Spin., on rencontre d'autres espèces différentes du genre *Apis*, soit à couleurs uniformes, soit à bandes distinctes. La première à signaler est l'*A. fasciata*, Latr., rapportée par Savigny de l'expédition d'Égypte, se rencontrant aussi en Arabie et en Asie-Mineure. Elle est d'un brun noirâtre, à nervures des ailes roussâtres. L'écusson du thorax est d'un jaune rougeâtre ; les deux premiers segments de l'abdomen et la base du troisième rougeâtre, le reste de l'abdomen d'un gris cendré. En Égypte cette espèce est élevée en ruches et soignée par les habitants, comme le sont en France, en Allemagne et en Angleterre l'*A. mellifica*, en Italie l'*A. ligustica*, chantée par Virgile dans les *Géorgiques*, (liv. IV.) L'*A. fasciata* a été introduite en Allemagne en 1864, par M. Vogel, commis à cet effet par la société d'acclimatation de Berlin, en Angleterre, par M. Woodbury, en 1868, en France, en 1873, par M. E. Drory.

À l'Exposition d'horticulture de Bordeaux de cette année figuraient des ruches d'Abeilles égyptiennes pures, et d'autres provenant d'un croisement de cette espèce avec la ligurienne. L'abeille égyptienne existe aussi en Italie et a été cultivée à Bologne, dans l'établissement de M. Tremontani, destiné à la reproduction et à l'exportation des Abeilles-mères, actuellement à Crémone.

L'*A. fasciata* a été domestiquée en Égypte depuis les temps les plus reculés. Les ruches étaient transportées sur des bateaux remontant le Nil, car la haute Égypte était plus tôt débarrassée de l'inondation et le développement des plantes mellifères y était plus précoce. On ramenait les souches à leurs propriétaires de la basse Égypte au commencement de février, et ceux de la haute Égypte dont les souches étaient sur les mêmes bateaux restaient en face des pâturages voisins de la mer, s'en retournant seulement en avril avec des souches bien approvisionnées. Les mêmes transports ont encore lieu aujourd'hui sur le Nil. Les bateliers s'arrêtent chaque jour dans les lieux où ils trouvent de la verdure et des fleurs ; Niebuhr dit avoir rencontré sur le Nil, entre le Caire et Damiette, un convoi de quatre mille ruches.

Aujourd'hui les Arabes agriculteurs, ou fellahs, possèdent seuls des Abeilles et principalement dans la haute Égypte. Les ruches sont des cylindres en poterie fabriqués avec le limon du Nil, ayant environ $0^m,40$ de diamètre sur 1 mètre de longueur, fermés à chaque bout par un disque de même matière, l'un des bouts muni d'une entrée très-petite proportionnée à la taille de l'*A. fasciata*. Les cylindres sont couchés horizontalement,

comme des drains, à l'ombre des arbres. La plante
favorite de cette Abeille est le trèfle d'Égypte (*Trifolium Alexandrinum*).

L'*A. fasciata* est très-douce dans son pays d'origine et les manipulations apicoles s'opèrent sans
masque. Dans la haute Égypte l'essaimage a lieu en
février, en mars dans la basse Égypte. On ne connaît pas l'essaimage artificiel ni le calottage. En
été les enfants gardent les ruches pour en chasser
les Frelons. Pour obliger les Abeilles à faire leurs
rayons perpendiculairement à l'axe des cylindres,
on dispose, parallèlement à celui-ci et de sa longueur, un petit bâton fourchu portant comme
amorce des morceaux de vieux gâteaux. On retire
les gâteaux avec le bâton et en les décollant de la
paroi. Certains fallahs se servent aussi de rayons
en partie mobiles, et rendent parallèles aux rayons
insérés ceux construits à neuf, afin de faciliter
l'extraction des gâteaux de miel.

La vallée du Nil étant bien isolée, l'*A. fasciata* y
a gardé toute sa pureté. Il est probable que c'est
une de ces races qu'on rencontre en Syrie et en
Palestine, où elle gîte dans les troncs d'arbre et les
fentes de rocher. C'est peut-être elle qui donnait
son miel sauvage à Samson, aux prophètes au dé-
sert et à saint Jean-Baptiste.

La possibilité d'acclimater l'*A. fasciata* à Berlin
résultait d'une comparaison des climats. La période de grande activité de cette abeille en Égypte
a lieu dans les mois de janvier, février et mars; or
en Allemagne la grande miellée s'opère en mai,
juin et juillet, dont la température est sensiblement

la même que celle des mois d'hiver de l'Égypte.
On a vu en Allemagne ces Abeilles en plein vol aux
premières chaleurs du printemps, et sortant en
masse de la ruche, comme des Fourmis, alors que
nos Abeilles noires volaient encore peu. Elles sont
très-vives et dépassent au vol les *A. mellifica* et
ligustica, butinant encore activement par les beaux
jours de novembre, alors que cela arrive à peine à
quelques sujets des nôtres. Les reines d'*A. fasciata*
courent très-vite, tandis qu'une mère fertile alle-
mande ou italienne marche lentement et pesam-
ment. Dans les grandes chaleurs de l'été l'*A. fasciata* reste inactive en Allemagne comme en
Égypte. En effet, toute espèce d'Abeille cesse de
travailler et devient immobile, quand la température à l'intérieur de la ruche atteint 36° cent. ; si
alors elles s'agitaient, elles dégageraient de la
chaleur, élèveraient encore la température, et les
rayons de cire se ramolliraient et tomberaient sur
le plancher.

L'*A. fasciata* a supporté en ruche les hivers
allemands par le même procédé que les autres
Abeilles, se mettant en pelotons, au centre desquels la température reste toujours $+ 9°$ ou $+10°$.
Plus le froid devient vif, plus elles consomment de
nourriture et accélèrent leur respiration, ce
qu'atteste un grondement intérieur. On l'a entendu pour les souches égyptiennes comme pour
les souches allemandes et italiennes. On trouva
en janvier l'*A. fasciata* mère placée sur un rayon,
et des centaines de cellules possédant des œufs et
des larves. Il faut pour un bon hivernage de

l'*A. fasciata* des ruches assez étroites, afin que la
chaleur puisse y être entretenue plus aisément par
les insectes. D'après le fait général, les mères
égyptiennes, accouplées avec des faux-bourdons
noirs ou des faux-bourdons jaunes, ne donnent
que de purs faux-bourdons égyptiens ; les ouvrières
seules sont hybrides ainsi que les nouvelles mères.
Les cellules de l'*A. fasciata* sont d'un dixième plus
étroites que celles de l'*A. mellifica*, de sorte que
dix cellules avec leurs cloisons égalent en largeur
neuf cellules de nos Abeilles. Cette différence spécifique n'empêche pas les croisements féconds avec
A. mellifica et *ligustica*, fait général pour des
espèces très-voisines.

C'est après la connaissance des détails qui précèdent que M. Woodbury (1) se fit adresser dans le
Devonshire, en Angleterre, une mère d'*A. fasciata*,
avec quelques centaines d'ouvrières et quelques
faux-bourdons. Il enleva la mère d'une ruche
d'*A. ligustica*, et y substitua les petites égyptiennes
avec leur petite reine, celle-ci protégée par un étui
en fil de fer. Les italiennes massacrèrent immédiatement toutes les égyptiennes, mais le lendemain
adoptèrent et caressèrent la mère *fasciata*, qu'on
fit sortir de sa cage. M. Woodbury vit cette mère
pondre. En retirant son couvain pour en former
une petite ruche à part, il obtint des mères artificielles. Elles furent fécondées par des faux-bour-

(1) Woodbury, l'*Abeille égyptienne, sa culture en Égypte et son
introduction en Allemagne et en Angleterre*, journal l'*Apiculteur*,
n^{os} de décembre 1869, p. 71; février 1870, p. 144; avril 1870,
p. 219; mai 1870, p. 240.

dons liguriens de petite taille, et devinrent les reines de nouvelles colonies pour l'année suivante ; elles produisirent des faux-bourdons égyptiens. Plusieurs ruches égyptiennes purent être données à diverses personnes.

Finalement on fut obligé de cesser l'élevage et la multiplication des colonies égyptiennes, à cause du caractère violent et intraitable de l'*A. fasciata*, bien différente sous se rapport en Angleterre de ce qu'elle paraît être dans son pays natal. A toutes les manipulations se produisaient des accidents. Les Abeilles furieuses pénétraient sous le masque et les vêtements de l'opérateur, et piquaient toutes les personnes du voisinage. Je ne crois pas qu'en Allemagne, ni ailleurs en Europe, cette espèce soit jamais autre chose qu'une curiosité apicole. En raison de sa faible taille elle produit moins que l'Abeille ordinaire. Elle existe encore en Angleterre chez divers apiculteurs. Elle a été importée au Chili. M. Drory la possédait à Bordeaux dans son rucher, et a reconnu également son caractère irritable, exigeant des précautions pour les opérations apicoles. Il recommande au contraire comme excellents ses métis avec *A. mellifica*.

L'*A. Adansoni* Latr., ressemble par les caractères extérieurs à l'*A. ligustica ;* seulement elle est d'un quart plus petite. Elle existe au Sénégal, et les indigènes l'élèvent dans des ruches en forme de cloche à tête renflée, qui ressemblent aux ruches du Berry. Les Sénégalais suspendent ces ruches aux branches des arbres, afin de soustraire ces Abeilles à l'atteinte des lézards, très-nombreux

dans le pays. L'essaimage a lieu presque toute
l'année. Pour la récolte, les indigènes vident la
ruche quand elle est pleine, étouffent les Abeilles,
et, après avoir extrait les rayons la pendent de
nouveau où elle était ; un essaim sauvage ne tarde
pas à venir s'y loger. Ils préparent grossièrement
les produits. Le miel est utilisé en guise de sucre
et la cire propre au blanc, exportée en Europe.

À Madagascar les Malgaches élèvent en ruches
l'*A. unicolor* Latr., noire, à l'abdomen brillant,
sans bande d'une autre couleur. Cette Abeille a
été depuis transportée à l'île Bourbon, à l'île Maurice, enfin aux îles Canaries. Son miel est liquide
et verdâtre, de médiocre qualité, dangereux même,
à Madagascar, si l'insecte a butiné sur des Euphor-
biacées. Le sud de l'Afrique présente deux espèces
d'Abeilles : l'*A. caffra* Lep. St.F., noire avec la
base du second segment de l'abdomen de couleur
ferrugineuse, et l'*A. scutellata*, Lep. St. F., à
abdomen brun, avec la base des segments revêtue
de poils cendrés. La région équatoriale de l'Afrique, au Congo, a offert une espèce dite l'Abeille
des nègres (*A. nigritarum* Lep. St.-F.), à antennes noires, portées sur un tubercule jaune ;
l'abdomen est noir, à poils gris, avec le premier
segment et la base du second jaunâtres, les ailes
transparentes.

L'Inde et les îles Sondaïques ont plusieurs espèces
du genre *Apis*. On trouve aux Indes l'*A. indica*
Fabr., noire, à pubescence cendrée, avec le premier et le second segments de l'abdomen d'un
roux ferrugineux, deux fois plus petite que notre

Abeille domestique, à très-petites cellules, avec des cellules de mâles grosses et allongées, plus fortes comparativement que pour l'*A. mellifica.*

L'*A. indica* paraît très-commune, non-seulement aux Indes et à Ceylan, mais dans toutes les îles des Moluques et de la Sonde, notamment à Java, où manque tout à fait l'*Apis mellifica.* On fait commerce du miel et de la cire de l'*A. indica,* et elle est élevée dans des ruches grossières, formées de gros tuyaux de bambou, fermés aux bases par des planchettes dont l'une porte un orifice d'entrée et de sortie pour les Abeilles. Ces ruches sont portées vides dans les bois, et lorsqu'un essaim est venu se loger dans l'une d'elles, on la rapporte au village, où on la place d'ordinaire sous la gouttière du toit de l'habitation. Si on ne prend pas trop de gâteaux à la fois aux insectes, ils restent souvent plusieurs années dans la même ruche.

Par un contraste de taille intéressant, il existe dans les mêmes régions que l'*A. indica* une grande espèce d'Abeille, de taille à peu près double de la nôtre, l'*A. dorsata,* Fabr., ayant probablement pour synonymes *A. nigripennis,* Latr., et *bicolor,* Klug., se trouvant aussi à Java et au Japon (M. Pérez). Elle a le corselet noir avec les poils roussâtres, les ailes rousses, surtout au milieu, avec reflet violet, l'écusson jaunâtre, les segments de l'abdomen jaunâtres, avec des taches latérales brunes et triangulaires. Il paraît qu'elle peut s'élever en ruches; mais on connaît mal ses gâteaux et ses mœurs. A Java, elle ne semble pas cultivée en ruches. Les indigènes craignent beaucoup le redoutable aiguillon de cette grosse Abeille, et se contentent de recueillir parfois le produit de ses ruches sauvages, établies dans le creux des vieux arbres géants des forêts vierges de Java et à une grande hauteur. Il serait à désirer que l'introduction de l'*A. dorsata* fût tentée en Europe, afin que les sujets de cette espèce de forte taille puissent recueillir les nectars des fleurs à corolles trop profondes pour la courte trompe de notre *A. mellifica*. On assurerait ainsi la fécondation d'une Légumineuse fourragère très-importante, le trèfle incarnat, dont le grainage reste souvent fort imparfait. L'*A. dorsata* pourrait vider complétement de leur nectar les corolles les plus longues et, par suite, les plus nectarifères de cette plante, ce que nos Abeilles sont impuissantes à faire (1).

Nous citerons aussi, des mêmes contrées indo-chinoises et indo-malaises, l'*A. socialis* Latr., de l'Inde et de la Chine, noire, à ailes transparentes avec les trois premiers segments de l'abdomen d'un ferrugineux pâle, et l'*A. zonata* (M. Pérez) de l'Inde. L'histoire des Abeilles indiennes, souvent indiquées dans les récits des voyageurs, est encore pleine de confusions, par l'ignorance entomologique des observateurs. Il y a des villages de l'Himalaya dont l'apiculture semble être la principale occupation des habitants. Les maisons sont

----

(1) Voy : *Les Abeilles de Java*, dans le journal l'*Apiculteur*, 1876, p. 268 et 272.

bâties avec une charpente en bois qui laisse sur toutes ses faces des espaces ouverts qu'on remplit ensuite de pierres et de terre glaise ; les toitures plates, en argile, ont leurs bords dépassant les murs d'environ 1 mètre. Comme tout le poids de la toiture repose entièrement sur la charpente en bois, la terre glaise et les pierres qui remplissent les vides peuvent être enlevées par places sans nuire à la solidité de l'édifice. Dans ces espaces, et surtout à l'exposition du midi, on place une ou plusieurs jarres en faïence (*ghurrah*, en langue indoue) scellées dans les trous, le bout fermé tourné vers l'extérieur, à fleur du mur, l'entrée du vase, au contraire, qui a 6 à 8 centimètres de diamètre, donnant dans l'intérieur de l'appartement. Certaines maisons ont sur leur contour jusqu'à quarante de ces jarres. A leur partie externe, un petit trou est pratiqué pour l'entrée et la sortie des Abeilles, avec un rebord d'argile au-dessous, où les insectes viennent se reposer. On loge un essaim à l'intérieur du pot dont on ferme l'ouverture dans l'appartement, à l'aide d'un couvercle en faïence s'y adaptant parfaitement.

Pour extraire le miel, l'apiculteur hindou n'a qu'à entrer dans la chambre dont il ferme la porte : il tape sur le couvercle du ghurrah pour chasser les Abeilles. Si cela n'est pas suffisant, il entr'ouvre le couvercle et souffle deux ou trois bouffées de fumée, produites par un chiffon allumé. Enlevant ensuite complétement le couvercle, on extrait ce qu'on veut de miel, on

referme l'ouverture interne et on permet aux
Abeilles de reprendre leurs travaux.

Les Indous du Nord ont soin de laisser toujours assez de miel aux Abeilles pour leur permettre de passer l'hiver et n'ont pas recours au
nourrissement artificiel. L'hiver, les maisons étant
occupées par la famille aussi bien que par le bétail
des propriétaires, et le feu restant toujours allumé
dans ces hautes régions, les Abeilles ne souffrent
jamais du froid.

Outre ces ruches permanentes qu'on ne détruit
jamais, chaque case en possède généralement un
grand nombre d'autres, produites par l'essaimage,
et dont la culture diffère de la précédente. L'essaim est introduit dans un morceau de tronc
creusé de sapin ou de cèdre, les deux parties
évidées en dedans solidement rattachées ensemble
et le tout suspendu juste au-dessous des rebords
de la maison, hors de la portée des ours, qui sont
très-nombreux dans ces contrées et très-friands de
miel.

Les naturels de l'Himalaya, pour extraire le
miel de ces essaims, ont l'habitude de détruire les
Abeilles, mais savent aussi, paraît-il, ne tuer que
la reine et transvaser les Abeilles dans une des
ruches fixes des murs qui a pu s'affaiblir. Ces
Abeilles sont plus petites que les Abeilles anglai-
ses et paraissent être d'une espèce différente (1).
Peut-être a-t-on affaire ici à l'*A. indica?*

---

(1) *Bull. de la Soc. d'apicult. de la Gironde*, numéro de juin, 1877,
page 77.

La Chine et le Japon ne paraissent pas non plus posséder les Abeilles domestiques de l'Europe. Le R. P. Armand David cite des Abeilles chinoises dont on sait récolter les essaims et les placer dans des ruches formées de troncs d'arbre creusés. L'apiculture paraît assez perfectionnée au Japon, et ce pays possède probablement plusieurs espèces du genre *Apis*, les unes vivant à l'état sauvage dans les trous des arbres et les fentes des rochers, les autres pouvant appartenir aux mêmes espèces, mais cultivées en ruches par les habitants. Les Japonais nomment *Yasé* les Abeilles à l'état libre, et *Yensé* les Abeilles réduites en domesticité. Les ruches sont des caisses de planchettes, posées sur des tréteaux, souvent superposées, avec portes et trou de vol en bas, sur un plateau débordant. On recueille les essaims dans des corbeilles de paille qu'on suspend près des nids sauvages et dans lesquelles on a mis du sucre. Quand les Abeilles y sont installées, on les porte à la ruche, dans le jardin de la maison. On a soin de laisser aux insectes une portion de leurs gâteaux pour passer l'hiver, saison dans laquelle leurs ruches sont entourées de paille. Les Japonais connaissent qu'il ne faut pas enlever les cellules de reines, s'ils veulent que leurs ruches donnent des essaims. Ils aspergent d'eau les essaims à leur sortie, afin de forcer les Abeilles à se rassembler, et, au moyen d'un balai, réunissent les insectes dans une caisse vide, afin de former une nouvelle ruche. A l'équinoxe d'automne, ils savent chasser les Abeilles par tapotement, extraire au couteau une partie des rayons, les placer sur un tamis ou sur une claie de bambou, faire couler au soleil le meilleur miel, puis retirer un miel inférieur par la pression et opérer la fonte et la séparation de la cire au moyen de l'eau bouillante (1).

Lors du célèbre voyage aux terres australes, en 1803, alors que l'équipage, décimé par les maladies, faisait relâche à l'île de Timor, Péron découvrit une Abeille qui lui fut dédiée, l'*A. Peroni* Latr., noire, à écusson jaunâtre, avec les deux premiers segments de l'abdomen et la base du troisième d'un roux jaunâtre, les ailes transparentes, mais d'une teinte un peu obscurcie, à nervures noires. Le miel de cette espèce est jaune et plus liquide que celui de l'*A. mellifica ;* son goût excellent le fait rechercher par les Malais, qui le nomment *goular fani*, ce qui veut dire dans leur langue, sucre d'abeille. Cette Abeille existe à Shanghaï, Ceylan, Sambelong. Il y a encore une Abeille de Tasmanie (Verreaux), l'*A. rufescens*, à fond d'un brun foncé, avec les poils d'un blanc jaunâtre.

(1) Journal *l'Apiculteur*, 1877, p. 7 et 20.

CHAPITRE XIV

Distribution géographique de l'Abeille ordinaire.

Comme on le voit par les indications de patrie des espèces qui précèdent, le genre *Apis* est exclusivement propre à l'ancien continent. L'*A. mellifica*, probablement originaire de la Grèce et peut-être aussi de l'Asie Mineure, a été successivement introduite dans toute l'Europe. Les fables mythologiques nous apprennent que les industrieux insectes ont reçu les soins de l'homme dès la plus haute antiquité. Leurs mœurs ont été mieux connues qu'on ne le croit d'habitude, du moins par quelques personnes.

Aristote indiqua des faits relatifs aux Abeilles, qui sont de très-récente observation. Dans son traité de la Génération des animaux (1), se trouvent divers passages dont le sens renferme les vérités suivantes : la reine est indispensable à la ruche, et sans elle il ne se produit pas d'ouvrières ;

---

(1) Ἀριστοτέλης περὶ ζώων γενέσεως, trad. allem. par H. Aubert et Fr. Wimmer. Leipzig, 1860. — Mêmes auteurs, *Journal de Siebold et Kölliker*, 1858, t. IX, p. 507 ; *De la parthénogénèse à propos des descriptions d'Aristote sur la reproduction des Abeilles; lettre à M. de Siebold sur la concordance de ses observations avec ce que dit Aristote.* — C. Th. von Siebold, *Wahre Parthenogenesis bei Schmetterlingen und Bienen.* Leipzig, 1856.

les faux-bourdons peuvent naître dans une ruche
sans reines, engendrés par les ouvrières (il crut à
tort que c'était là le mode normal, comme chez
les *Bombus, Vespa, Polistes*), et cette génération
se fait par des œufs; il n'y a pas d'accouplement
dans la ruche. Lors de la publication du mémoire
de M. de Siebold sur la parthénogénèse, en 1856,
de savants commentateurs d'Aristote firent remarquer qu'il avait pressenti la parthénogénèse de la
reine, lorsqu'il dit, en comparant les *perches de
mer* (Serrans) et les Abeilles, que si ces poissons
portent leurs organes mâle et femelle de chaque
côté du corps, il y a chez l'Abeille une combinai-
son bien plus complète des organes sexuels. C'est
dans le livre III, traitant de la reproduction des
insectes, qu'on trouve cet admirable passage :
« Cependant nous n'avons pas d'observations
suffisantes là-dessus; mais si ces observations
doivent être faites, il faut leur accorder plus de
confiance qu'à la théorie et ne croire à celle-ci
que si elle conduit au même résultat que l'expérience. »

Pendant longtemps les apiculteurs français n'ont
pas connu d'autres races d'*A. mellifica* que *ligustica*. On s'occupe en ce moment de faire venir des
races empruntées à l'Europe austro-orientale et à
l'Asie occidentale. L'*Apis ligustica* est sensible au
froid et emploie trop de temps à refaire ses ruches
au printemps. Ainsi elle réussit mal dans les régions un peu élevées de la Suisse. On a préconisé
les Abeilles dalmates, herzégoviniennes, smyr-
niennes, chypriotes et surtout carnioliennes. En

1876, M. Hamet a fait venir une mère carniolienne à Paris et a réussi à la faire accepter par
une ruche. L'Abeille carniolienne est réputée très-
productive et la plus douce des races de *mellifica*.
Tandis que la vraie coloration des bandes de
ligustica bien pure est d'un bronze doré ou au-
rore, les mêmes bandes chez *carniolica* sont
blanchâtres. Nous engageons à consulter pour ces
nouvelles races, encore à peine connues chez
nous, le journal *l'Apiculteur*, 1875, p. 214, 239,
et 1876 en divers articles. D'après M. Hamet,
l'Abeille carniolienne se reconnaît surtout à son
vol plus doux, plus moelleux, mais, dans son extérieur, offre tous les passages à l'Abeille ordinaire.

L'*Apis mellifica* existe dans l'Afrique septen-
trionale. Elle est très-abondamment répandue
dans toute notre colonie algérienne, où elle est
élevée en domesticité par les indigènes, particulièrement par les Kabyles, qui sont surtout agriculteurs ; elle est d'un très-grand secours pour ces
montagnards qui font un commerce considérable
de miel et surtout de cire. Il existe, en divers
points de l'Algérie, une race de l'*A. mellifica*
unicolore et beaucoup plus noire en entier que le
type de France, à ouvrières de taille plus petite,
les faux-bourdons aussi gros. Une ruche de cette
race, envoyée, en 1874, de l'établissement de
Staoueli, près d'Alger, à M. Hamet, a présenté
quelques particularités de mœurs, semblant établir que cette race est en rapport avec un climat
sec et chaud. Elle propolise beaucoup plus que
notre Abeille ordinaire, ce qui indique un insecte

peu habitué au froid, et elle sait trouver du miel
par des temps secs où la nôtre n'en récolte plus.
Ordinairement très-douce, elle devient très-irri-
table quand elle est stimulée, se jetant sur les
personnes pour les piquer et entrant dans les
maisons du voisinage. En 1875, elle a gardé très-
tard ses faux-bourdons. Dans la collection Sichel,
au Muséum, existent plusieurs individus de cette
race provenant de diverses localités de l'Algérie.

Au nord de l'Europe, nous trouvons les ruches
de l'*A. mellifica* jusqu'en Finlande (W. Nylander).
Cette espèce y est actuellement peu cultivée, mais
l'était beaucoup plus à l'époque catholique ; on ne
récolte en Finlande que très-peu de cire comparativement à la production de la Russie, et elle est
de bonne qualité.

On pourra consulter pour les espèces et la distribution géographique des Abeilles le travail de
M. A. Gerstäcker (1), et celui de M. Von Kiesen-
wetter (2), qui est une étude sommaire des races
d'Abeilles du mont Hymette, qui sont des *ligustica*
et leurs hybrides, notamment la variété *cecropia*.

Notre Abeille a été transportée en Amérique,
aussi bien dans le nord que dans le sud de ce
continent et y prospère, tendant de plus en plus à
remplacer dans les régions chaudes les Mélipones
et les Trigones indigènes, auxquelles elle est bien
préférable. Les prairies florigères des États-Unis

(1) *Stettin entomol. Zeitung,* 1864, p. 297.
(2) *Ueber die Bienen der Hymettus* (Berliner entom. Zeitschrift,
1860, t. IV, p. 315 à 317).

lui offrent une riche moisson, et les ruches sont
très-peuplées. Aujourd'hui de nombreuses colonies sauvages d'Abeilles habitent les immenses
forêts. Dans l'Amérique du Nord, les Abeilles sont
devenues comme les précurseurs de la civilisa-
tion, car, lorsque les Peaux-Rouges rencontrent
un essaim d'abeilles, ils disent : les Blancs appro-
chent! On a observé ce fait curieux que, dans le
nouveau monde, l'*A. mellifica* devient bien plus
facilement sauvage qu'en Europe, et que beaucoup d'essaims vont se fixer dans les creux d'arbre
et les rochers (1). De même, les vaches, au nouveau
monde, ont offert une grande tendance à retourner
au type sauvage, et ne conservent de lait que pendant l'allaitement de leur veau. L'Abeille domestique a donné, au Chili, des ruches remplies de
miel toute l'année, en rapport avec des fleurs sans
cesse renouvelées, ne demandant aucun soin ;
aussi les miels de cette provenance font une con-
currence considérable à celui d'Europe et abais-
sent les prix. Ils sont cause qu'en beaucoup de
nos pays l'éducation des Abeilles est rémunéra-
trice, à la condition forcée que le propriétaire s'en
occupe seul à ses moments perdus ; le haut prix
de la main-d'œuvre lui enlève tout bénéfice, s'il
est obligé d'y mettre des ouvriers.

_____

(1) En France les ruches sauvages sont fort rares. On peut en
voir dans l'Isère, sur la route du bourg d'Oisans à Briançon, sur
la commune d'Auris près Fresnaye. Des tufs en surplomb inaccessibles, percés de trous naturels, à 200 m. de hauteur, du côté
du torrent de la Romanche opposé à la route, offrent des ruches
naturelles, où beaucoup d'essaims du pays vont se perdre.

L'*A. mellifica*, introduite en Australie, en
1862, par M. Ed. Wilson, s'y est multipliée rapidement. Beaucoup d'essaims, favorisés par des hivers très-doux, se sont placés, à l'état sauvage, dans
des arbres creux ou à l'aisselle des branches. Les
chercheurs de miel, visitant ces ruches, aussi bien
que les nids des Méliponites australiennes, y font
de riches récoltes. L'abondance des fleurs des
Eucalyptus, qui paraissent en tout temps, explique cette acclimatation rapide. On assure qu'avant
cette introduction on était obligé de fournir à
l'Australie, chaque année, une quantité considérable de graines de trèfle, parce que les Hyménoptères australiens ne butinaient pas sur cette
Légumineuse, et ces envois de graines allèrent
tous les ans en diminuant jusqu'à devenir
nuls, après que l'abondance des Abeilles eut
assuré la fécondation de ces fourrages artificiels.

On voit souvent en Australie l'*Apis mellifica*,
importée et devenue sauvage, vivre côte à côte
avec des espèces de Trigones (Méliponites) indigènes, parfois dans la même cavité d'arbres, les
nids séparés par une simple cloison de terre
glaise. Quand une des deux colonies vient à perdre
son couvain, elle ne manque pas de s'en prendre
à la colonie voisine, et aussitôt s'engage un combat qui ne finit d'ordinaire que par la destruction
complète d'une des deux populations. Les petites
Trigones noires australiennes ne luttent pas toujours avec trop de désavantage contre la grosse
Abeille d'Europe. Elles s'efforcent de se tenir

constamment au-dessus d'elle ; et, lui coupant les ailes avec leurs fortes mandibules, la mettent ainsi hors de combat. De même, au Brésil, dans la province de Bahia, M. Brunet a souvent observé des luttes individuelles entre l'Abeille et les Mélipones ou Trigones (1).

Notre Abeille existe aussi maintenant dans la Nouvelle-Zélande, cette terre privilégiée pour les animaux et les végétaux européens, et aussi aux îles Auckland, sa station la plus australe. L'*A. mellifica* n'est que peu cultivée à la Nouvelle-Calédonie, à cause de la grande quantité où se rencontre une plante, le Niaouli (*Melaleuca viridiflora*, Labillardière), dont la fleur, d'odeur très-prononcée, rend le miel déságréable ; au contraire, les missionnaires l'ont amenée avec succès à l'île des Pins, où ne se trouve pas cette plante, et le miel que les Abeilles y récoltent est excellent et d'un goût très-aromatique et très-doux. C'est du continent australien que provenaient les essaims qui ont acclimaté l'espèce à la Nouvelle-Calédonie et à l'île des Pins.

Enfin, l'*A. mellifica* a été introduite aux Antilles, notamment à la Havane, à Haïti, à la Jamaïque, à la Martinique, et aussi aux îles Sandwich. Elle existe également aux îles Canaries, à l'île de Madère, à l'île Bourbon, à Gorée, au Sénégal, au cap de Bonne-Espérance.

(1) Maurice Girard, *Note sur les mœurs des Mélipones et des Trigones du Brésil* (*Ann. Soc. entom. Fr.*, 4e trim., 1874, p. 572).

CHAPITRE XV

En présence du nombre considérable de traités spéciaux écrits sur les Abeilles, nous nous contenterons de signaler aux industriels et aux amateurs d'apiculture les plus importants et les plus nouveaux : Paix de Beauvoys, *Guide de l'apiculteur*, 5ᵉ éd. Paris, 1856. — Radouan, *Nouveau Manuel pour gouverner les Abeilles*. Paris, 1859 (collection des manuels Roret). — Bastian, *les Abeilles*, Paris, 1868. — *Petit Manuel de l'Apiculteur alsacien*, traduit par Colombain, Strasbourg, 1875. — Abbé Sagot, *Petit Traité spécial de la culture des Abeilles*, Paris, 1867. — Ch. Dadant, *Petit Cours d'Apiculture pratique*, Chaumont, 1874. — H. Hamet, *Cours pratique d'Apiculture*, professé au jardin du Luxembourg, Paris, 1874, 4ᵉ éd., très-bon ouvrage qu'on ne saurait trop recommander. — Vignole, *la Ruche, méthode nouvelle, essentiellement pratique, destinée aux habitants des campagnes*, à Beaulieu près Nogent-sur-Seine (Aube), 1875. — Abbé Colin, *le Guide du propriétaire d'Abeilles*, Paris, 1875. — G. de Layens, *Élevage des Abeilles par les procédés modernes*, pratique et théorie, Paris, 1875. — C. de Ribeaucourt, *Manuel d'apiculture ration-*

nelle, 2ᵉ éd., Neuchatel et Paris, 1875. — Frère Albéric, *les Abeilles et la ruche à porte-rayons*, Paris, 1875. — Dʳ Polman, professeur d'apiculture à l'Académie de Poppelsdorf, *l'Abeille mellifère et son élevage*, avec 155 gravures sur bois et une planche représentant le *Rucher du Dʳ Polmann*, à Bonn-sur-le-Rhin (en allem.), biblioth. agricole, Berlin. La partie intéressante et originale de cet ouvrage est un long historique de la culture des Abeilles. — A. Mona, *l'Abeille italienne*, moyens de se la procurer, etc., avec une introduction par M. H. Hamet, Paris, 1876.

L'importance du sujet nous fait également un devoir de citer quelques journaux périodiques d'apiculture, choisis parmi les principaux. Ce sont, en France : *l'Apiculteur, journal des cultivateurs d'Abeilles*, Paris, dirigé par M. H. Hamet, 20 vol. — *Le Rucher du Sud-Ouest*, puis *le Rucher*, Bordeaux, 1873 à 1876, dirigé par M. E. Drory, actuellement remplacé par le *Bulletin de la Société d'apiculture de la Gironde*. — Ces deux recueils sont en France les principaux organes, le premier des fixistes, le second des mobilistes. A l'étranger : Allemagne, *Bienenzeitung (journal des Abeilles)*, Andréas Smith, Eichstadt; Italie, *l'Apicoltore*, à Milan, journal de la Société centrale; Angleterre, *the Bristish bee Journal, and bee keeper's Adviser (journal britannique des Abeilles, conseiller des Apiculteurs)*, Ch. Nash Abbott, à Hanwell, par Londres; États-Unis, *American bee Journal*, W. F. Blarke, à Chicago, Illinois.

Pour l'étude spéciale des organes et des fonctions de l'Abeille, nous citerons : Michel Girdwoyn, *Anatomie et physiologie de l'Abeille* (trad. par A. Pillain), avec 12 pl. lithog., 1 vol. in-4°, Paris, 1875, ouvrage offrant des figures assez satisfaisantes, mais un texte fort incomplet et presque nul pour la partie physiologique. Nous préférons comme exécution des planches une iconographie italienne, intitulée : *Tablettes apicoles*, par Gaetano Barbeo, dessinées et coloriées par Clerici, ingénieur, via S° Damiano, 24, à Milan, 1872. Sur trente planches en chromolithographie une vingtaine ont paru, encore sans texte. Il y a une très-bonne figure du parasite *Braula cœca*. Nous devons également faire mention des *Tableaux démonstratifs de l'enseignement apicole* (Paris, A. Goin), par E. de Lachner, traduits par E. Drory. Ces planches murales, au nombre de trois, comprennent : 1° développement du couvain des Abeilles, 2° parties extérieures du corps des Abeilles, 3° organes intérieurs du corps des Abeilles.

Au point de vue de la biologie, un ouvrage restera à jamais célèbre : F. R. Huber, *Nouvelles observations sur les Abeilles*, adressées à M. Ch. Bonnet, 1 vol. in-8°, Genève, 1792; *id.*, Paris, 1796, et 2° éd. très-augmentée par P. Huber, 2 vol. in-8° avec 14 planches, Paris, 1814.

FIN.

TABLE DES MATIÈRES

FIN DE LA TABLE DES MATIÈRES.

ADDENDUM ET ERRATUM

Chez l'Abeille adulte, le second ganglion nerveux thoracique présente quatre paires de noyaux résultant d'une fusion de quatre ganglions de la larve, les deux derniers thoraciques et les deux premiers abdominaux. Dans l'ouvrière de l'Abeille, d'après M. Éd. Brandt, c'est l'avant-dernier ganglion abdominal qui est composé et non le dernier, comme nous l'avons dit, p. 41, d'après les auteurs précédents.

Page 178, ligne 24, *au lieu de* la souche A₁, *lisez* A.

PARIS. — IMPRIMERIE DE E. MART...

AMYOT. — **Entomologie française.** Rhynchotes. 1 vol. in-8 de 500 p. avec 5 pl................................ 8 fr.

BOISDUVAL. — **Monographie des Zygénides,** suivi du Tableau des Lépidoptères d'Europe. 1 vol. in-8, avec 8 pl. coloriées................................ 12 fr.

BREHM. — **Les Insectes, les Myriapodes, les Arachnides.** Édition française par J. KUNCKEL d'HERCULAÏS, aide-naturaliste au Muséum. 2 vol. gr. in-8, avec 2060 figures et 36 planches................................ 22 fr.

BROCCHI (P.). — **Traité de Zoologie agricole,** comprenant les éléments de Pisciculture, d'Apiculture, de Sériciculture, d'Ostréiculture, etc. 1886, 1 vol. gr. in-8 de 984 pages, avec 603 figures................................ 18 fr.

GAUBIL. — **Catalogue des Coléoptères d'Europe et d'Algérie.** 1 vol. in-8................................ 6 fr.

GIRARD (Maurice). — **Les Insectes. Traité élémentaire d'entomologie,** comprenant l'histoire des espèces utiles et de leurs produits, des espèces nuisibles et des moyens de les détruire, l'étude des métamorphoses et des mœurs, les procédés de chasse et de conservation. *Ouvrage complet.* Paris, 1885, 3 vol. in-8 d'environ 900 p. chacun et 1 atlas de 118 planches, gravées en taille-douce, cartonné. Figures noires. 100 fr; Figures coloriées................................ 170 fr.

GORY H.) et PERCHERON (A.). — **Monographie des Cétoines.** 1 vol. in-8, 410 p., avec 77 pl. coloriées. 60 fr.

GUÉRIN-MÉNÉVILLE (F.-E.) et PERCHERON (A.). — **Genera des Insectes.** 1 vol. in-8 avec 60 pl. coloriées..... 20 fr.

HERPIN (J.Ch.). — **Insectes nuisibles à l'agriculture.** 1 vol. in-8, avec 6 pl................................ 2 fr. 50.

— **Moyens propres à la destruction de la Pyrale** de la vigne. In-8................................ 50 c.

LEPELLETIER DE SAINT-FARGEAU (Am.). — **Monographia Tenthredinetarum.** 1 vol. in-8, xviii-176 p........ 3 fr.

PERCHERON (A.). — **Bibliographie entomologique.** 2 vol. in-8................................ 4 fr.

SPINOLA
Girard, Maurice
Les Abeilles, organes et fonctions, ... in-8. 7 fr.

www.ingramcontent.com/pod-product-compliance
Lightning Source LLC
Chambersburg PA
CBHW070242200326
41518CB00010B/1651